Dr. med. vet. Jürgen Bartz
Husten und Allergien bei Pferden

Dr. med. vet. Jürgen Bartz

Husten und Allergien bei Pferden

KOSMOS

Hustenerkrankungen bei Pferden

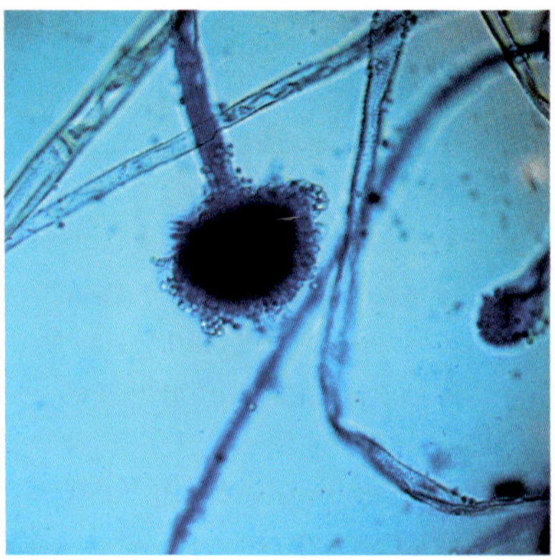

Allergien bei Pferden

Hustenerkrankungen bei Pferden

Dauerproblem Pferdehusten

Innerhalb der Atemwegsprobleme bei Pferden nehmen Hustenerkrankungen eine Spitzenstellung ein. Jeder Reiter und Pferdehalter ist daher schon mit hustenden Pferden konfrontiert worden. Fast 25 % der Pferde in Deutschland erleiden einmal jährlich eine mit Hustensymptomen einhergehende Erkrankung der Atemwege; etwa 10 % des Pferdebestandes sind sogar als chronisch hustenkrank zu bezeichnen. Für diese Patienten besteht Lebensgefahr. Denn trotz der weiten Verbreitung chronischer Hustenerkrankungen sind die Therapieerfolge oft dürftig. Betroffene Pferdehalter flüchten sich oft in Resignation. Sie verharmlosen die Erkrankung und hoffen, dass es nicht so schlimm kommen möge. Ein fataler Irrtum: Das Befinden des chronisch hustenden Pferdes verschlechtert sich in jedem Fall kontinuierlich. Zunächst geschieht dies unauffällig. Später be-schleunigt sich der Prozess enorm. So ist leicht nachvollziehbar, dass chronische Hustenerkrankungen – neben Lahmheiten und Koliken – eine der Hauptursachen für die Schlachtung beziehungsweise Nottötung von Pferden sind.

Daher sind gezielte Vorbeugung und haltungsverbessernde Maßnahmen für bereits erkrankte Pferde von entscheidender Bedeutung. Diese liegen einzig in der Verantwortung des Pferdehalters.

Seit Jahrhunderten bekannt

Seit Menschengedenken leiden Pferde an Hustenerkrankungen. Fast ebenso lange versuchen die Pferdebesitzer, der Lösung des Problems auf die Spur zu kommen.

Schon im antiken Griechenland beschrieb Aristoteles um das Jahr 330 v. Chr. das Auftreten chronischer Lungenleiden bei Pferden; sie wurden dadurch für den militärischen Einsatz untauglich. Im England des 18. Jahrhunderts stellte man fest, dass Stallpferde an einer Vielzahl von Atemwegserkrankungen litten. Über wiegend im Freien gehaltene Tiere erfreuten sich dagegen einer deutlich besseren Gesundheit. Bei den französischen Militärpferden wurde das Hustenproblem um dieselbe Zeit so drängend, dass die Stallanlagen komplett verändert werden mussten. Geringere Tierbesatzdichte, deutlich verbesserte Belüftung und häufige Koppelaufenthalte senkten die Todesrate von 20% auf 7%. Isländische Quellen des 19. Jahrhunderts weisen bereits auf ein ursächliches Verständnis der Krankheit hin: „Heysiki", also Heukrankheit, wurde der Husten genannt, der im Winter nach der Aufstallung der gerittenen Pferde bei vielen Tieren einsetzte und sich erst nach dem Weideauftrieb im Sommer wieder besserte. Witterungsbedingt wurde das isländische Heu oft feucht eingebracht und verpilzte dementsprechend während der Lagerung besonders stark. Der daraus entstehende Staub brachte viele Pferde zum Husten. Außerdem waren die Ställe eng und schlecht belüftet. Nicht gerittene Jungpferde und Zuchtstuten mussten den Winter im Freien verbringen, husteten aber trotz der unwirtlichen Außentemperaturen nur selten.

Faszinierende Atmungsorgane

Aufbau und Funktion der Atmungsorgane sind einmalig in der Natur. So ist auch die Pferdelunge ein äußerst leistungsfähiges Organ. In Ruhe beträgt das mittlere Luftvolumen eines Atemzuges bei Großpferden fünf Liter. Der Mensch bewegt im Vergleich nur 0,5 Liter Luft. Während körperlicher Beanspruchung steigt dieser Wert je nach Rasse und Trainingszustand auf 15 bis 20 Liter Luft – entsprechend fünf Liter beim Menschen –, die bei einem einzigen Atemzug in die Lunge hinein- und wieder hinausströmen. In Ruhe bewegt ein Pferd pro Minute ungefähr 60 Liter Luft durch seine Lungen. Das sind fast 100 000 Liter am Tag. Bei schwerer Arbeit werden über 1 500 Liter Luft in der Minute veratmet.
Der Weg der Atemluft beginnt in den

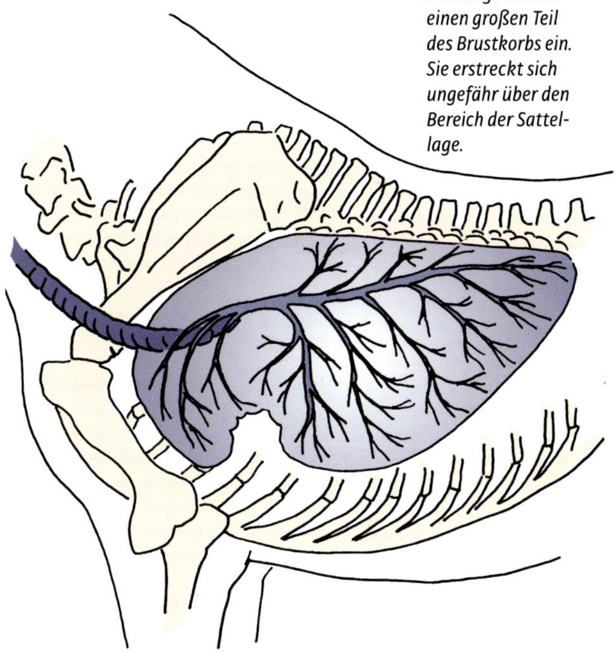

Die Lunge nimmt einen großen Teil des Brustkorbs ein. Sie erstreckt sich ungefähr über den Bereich der Sattellage.

Nüstern. Danach strömt sie durch den Kehlkopf in die Luftröhre. Diese teilt sich am Brusteingang in zwei kleinere Röhren: die beiden Hauptbronchen. Diese verästeln sich baumartig immer weiter und werden dann Bronchien genannt. An den feinsten Verästelungen schließlich, den Bronchiolen, sitzen traubenartig angeordnete kleine

Lungenbläschen, die Alveolen. Auf dem Weg in die Alveolen wird die Atemluft auf Körpertemperatur erwärmt und angefeuchtet. Eine Pferdelunge besteht aus mehreren Millionen dieser Alveolen; der Durchmesser jeder einzelnen beträgt etwa 0,3 mm. Auf diese Weise wird eine sehr große Atmungsfläche erreicht.

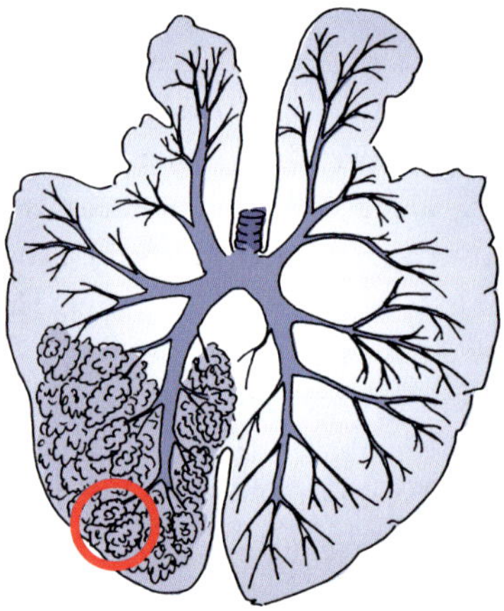

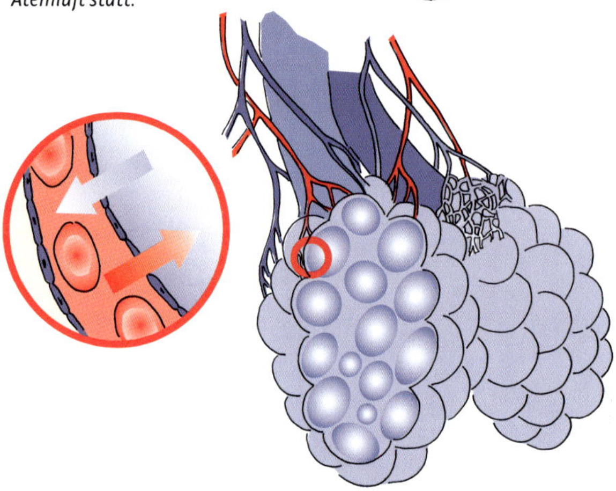

Endstation der luftführenden Wege sind die Alveolen (Lungenbläschen); hier findet der Austausch von Kohlendioxid aus dem Blut gegen frischen Sauerstoff aus der Atemluft statt.

Die Atemluft trifft in der Wand der Alveolen auf ein fein verästeltes Netz kleinster Blutgefäße, die Kapillaren genannt werden. Hier findet der Gasaustausch statt: Kohlendioxid wird aus dem Blut in den Luftraum der Alveolen abgegeben; der lebenswichtige Sauerstoff hingegen wird in umgekehrter Richtung aus der Alveole in das Blut aufgenommen.

Mit der Atemluft werden jedoch nicht nur Sauerstoff und Kohlendioxid transportiert. Zwangsläufig bringt sie außerdem ungebetene Viren, Bakterien, Pilze, Stäube, Schadgase und andere Inhalte der Umgebungsluft des Pferdes in die Alveolen und damit an einen empfindlichen Punkt. Denn dort ist die Barriere zwischen Körper und Außenwelt besonders dünn. Wie auf der Haut, im Verdauungstrakt und an den übrigen Schleimhäuten des Körpers besteht daher auch in den Atmungsorganen ein Abwehrsystem aus drei Teilen:

› Der Hustenreflex ist „fürs Grobe“ zuständig: Er entfernt größere Fremdkörper aus der Luftröhre. Das können fehlgeschluckte Futterbestandteile sein, aber auch beispielsweise große Brocken von festsitzendem Bronchialschleim.

› Die kleinen Bronchien und Bronchiolen sind mit speziellen Flimmerhärchen, den so genannten Zilien, besetzt. Am Fuß der Zilien gibt es zwei Sorten von Schleim produzierenden Zellen: Die einen stellen einen dünnflüssigen Schleim her. Dieser bleibt am Fuß der Zilien liegen. Die anderen sondern zähen, stabilen Schleim ab. Der treibt nach oben und liegt wie ein schwimmender Teppich auf dem dünnen Schleim. Die Zilien schlagen nun in kontinuierlichen und koordinierten Bewegungen wie die Halme eines Kornfeldes in die immer gleiche Richtung: nach oben, zum Rachen hin. Und dabei treiben sie den schwimmenden Teppich zähen Schleims wie ein unendliches Förderband weiter. Auf der Schleimhaut gelandete Viren, Bakterien und Staub werden auf diese Weise wieder nach außen transportiert.

› Die Lungenbläschen schließlich werden zusätzlich durch einen oberflächenaktiven Sekretfilm geschützt, den man Surfactant nennt. Er stabilisiert den Zellverband und bremst das Eindringen von möglichen Krankheitserregern. Besondere Fresszellen, die Makrophagen, halten sich permanent im Gewebe der Alveolen auf und können Bakterien oder Viren durch Fressen und Verdauen unschädlich machen.

Während Luftröhre, Hauptbronchen und Bronchien ein knorpeliges Stützgewebe haben und daher verformungsstabil sind, fehlt den Bronchiolen und Alveolen dieses festigende Wandelement. Die Bronchiolen sind im Gegenteil zusätzlich von Muskeln und Nervenfasern umgeben. Durch kurzfristiges Zusammenziehen dieser Muskeln wird der Innenraum schlagartig komprimiert. Zusammen mit einem stoßartigen Pressen der Bauchmuskeln entsteht so der Husten. Husten ist beim gesunden Pferd ein lebenswichtiger Schutzreflex des Organismus. Die Luftbewegung innerhalb der Luftröhre erreicht bei einem Hustenstoß eine Geschwindigkeit von über 150 km/h und kann versehentlich eingeatmete Futterstückchen, Wasser oder andere Fremdkörper so-

Gut zu wissen

Ohne Durchblutung keine Abwehr

Das hoch spezialisierte Abwehrsystem der Atmungsorgane kann nur dann optimal funktionieren, wenn das Gewebe regelmäßig und intensiv von Blut durchströmt wird, denn nur auf dem Blutweg können neue Zellen des Immunsystems schnell herbei transportiert werden. Die Voraussetzung für eine kräftige Durchblutung jedoch ist eine vertiefte Atmung über längere Zeit. Und die erreicht man nicht mit nur einer Stunde Reiten. Vielmehr muss das Pferd dafür zusätzlich jeden Tag die Möglichkeit zur mehrstündigen freien Bewegung an der frischen Luft haben.

wie Bronchialschleim explosionsartig aus dem Atemraum entfernen, bevor sie weiteren Schaden anrichten.

Husten: ein vielfältiges Symptom

Husten ist zunächst nur ein Symptom, das fast immer durch Erkrankungen der Atmungsorgane entsteht. Für die meisten Pferde ist ein Hustenproblem also ein Lungenproblem. Es führt in vielen Fällen langfristig zur Unbrauchbarkeit und Tötung des Pferdes.

Grundsätzlich kann der Hustenreiz aber auch durch andere Gesundheitsprobleme ausgelöst werden.

- Im Kehlkopf entsteht er aufgrund einer Schleimhautreizung, beispielsweise durch Entzündungen oder sommerliche Ozonbelastung. Diese Kehlkopfreizungen kommen zwar gelegentlich vor; sie stellen aber zahlenmäßig kein großes Problem dar.
- Das Symptom Husten kann durch unterschiedliche Erkrankungen des Brust- und Bauchraumes ausgelöst werden. Solche Veränderungen können durch Druck auf die Lunge zu Atemnot und reflektorischen Hustensymptomen führen.
- Schließlich verursachen gelegentlich Herzschwächen ausgedehnte Stauungserscheinungen des Blutes in der Lunge. Die dünnflüssigen Bestandteile – das Serum – treten dann in das Lungengewebe über, behindern den Gasaustausch und bewirken eine erschwerte Atmung und nachfolgenden Husten.

Die letztgenannten Hustenursachen sollten immer zusätzlich berücksichtigt und diagnostisch abgeklärt werden. Für die Mehrzahl der Hustenpferde haben sie jedoch keine Bedeutung. Den absoluten Spitzenplatz nehmen – wie bereits erwähnt – die lungenbedingten Hustenerkrankungen ein. Unabhängig von Ursache und Verlauf gilt daher in allen Fällen: Hustenerkrankungen sind keine Bagatellerkrankungen.

Akuter Husten: viele Ursachen

Einen plötzlich auftretenden Husten bezeichnen Tierärzte als „akut“. Wie auch bei anderen Gesundheitsstörungen bedeutet dies:

- Die Krankheit besteht erst seit kurzer Zeit.
- Die Symptome sind meist stark ausgeprägt.
- Bei gutem Allgemeinbefinden des Tieres, schnell einsetzender Behandlung und einer optimalen Gestaltung von Haltung und Fütterung besteht eine gute Prognose für die vollständige Genesung.

Mit Husten einhergehende akute Atemwegserkrankungen können bezüglich ihrer Ursachen in zwei Hauptgruppen zusammengefasst werden:

Gut zu wissen

„Anstoßen" gibt's nicht!

Wenn Pferde nur zu Beginn des Reitens einige Male husten, ansonsten aber nicht, wird dies gerne als „Anstoßen" verharmlost. Trotzdem ist dies der Beginn einer ernsthaften Erkrankung der Atemwege. Die Ursache muss daher geklärt werden; eine Behandlung ist wichtig und die Änderung der Haltungsbedingungen unbedingt erforderlich.

› Infektionen durch Viren, Bakterien, Pilze und Parasiten;
› Fehler in der Pferdehaltung bei der Unterbringung, Fütterung und Bewegung.

Zwischen beiden Ursachen besteht ein enger und gefährlicher Zusammenhang: Sind Pferde nicht artgerecht untergebracht, können sie Infektionskrankheiten nicht schnell genug überwinden. Diese werden dann nicht selten chronisch – und entwickeln sich zum lebensbedrohlichen Risiko.
Viele internationale Forschungsergebnisse belegen, dass die Unterbringung eines Pferdes in geschlossenen Ställen den akuten Erkrankungen der Atemwege Vorschub leistet.

Viren als natürliche Krankheitserreger

Viren sind bei ihrer Vermehrung völlig auf die Zellen ihres lebenden Wirtsorganismus angewiesen. Mit Antibiotika kann man Viren nicht bekämpfen.
Bedeutsame Viren der Atemwege des Pferdes sind vor allem:

› Influenzaviren: Sie lösen die Influenza oder Pferdegrippe aus.
› Herpesviren: Bestimmte Herpesviren befallen die Atemwege des Pferdes sowie zusätzlich das Nervensystem.
› Rhino- und Reoviren.

Viren befallen die Zellen in der Schleimhaut der Atmungsorgane und vermehren sich darin. Dabei zerstören sie ihre Wirtszellen. Die Reaktion des Körpers besteht in der Entsendung zahlreicher Abwehrzellen in die befallenen Schleimhautbezirke. Um die Abwehrreaktion zu erleichtern, wird das Schleimhautgewebe aufgelockert, vermehrt durchblutet und die Schleimproduktion zur Entfernung der abgetöteten Viren erhöht: Es entsteht eine Entzündung mit Schwellung, Schmerz und Rötung der Atemwege. Die Entzündung ist von der Natur als Unterstützung des Abwehrmechanismus konzipiert. Sie kann Kehlkopf, Nasenraum und Nasennebenhöhlen erfassen, Luftröhre, große und kleine Bronchien sowie später

Viruserkrankungen sind für Pferde letztlich eine natürliche Angelegenheit. Sie würden schneller und folgenloser ausheilen, wenn die Tiere artgerecht gehalten würden. Das bedeutet vor allem: Nicht in der geschlossenen Box, sondern mit täglich mehrstündigem Aufenthalt an der frischen Luft – ganzjährig und in der Gruppe.

auch die Alveolen. Unter anderem bewirkt die Entzündung auch eine ungünstige Veränderung der Schleimproduktion. Statt des flüssigen entsteht zunehmend ein zäher, fester Schleim, der sich als Barriere über das Flimmerepithel legt. Die Zilien werden in ihrer Bewegung stark eingeschränkt. Schließlich brechen sie in großen Mengen ab. Damit kommt ein wesentlicher Teil der Reinigungsfunktion der Lunge zum Erliegen. Der verstärkt produzierte und außerdem virenhaltige Schleim bleibt dann in der Lunge zurück. Dort verlegt er die luftführenden Wege und bietet Bakterien einen idealen Nährboden. Der Hustenvorgang als solcher ist auch in diesem Fall ein Schutzmechanismus: Wenn die Flimmerhärchen in ihrer Effektivität stark beschränkt werden, kann der Schleim nur noch durch Husten entfernt werden.

Typische Symptome einer durch Viren ausgelösten Hustenerkrankung können sein:

- plötzliches Fieber,
- verringerte Futteraufnahme,
- Mattigkeit,
- Husten,
- vermehrter Nasenausfluss,
- angestrengte und schnelle Atmung,
- schnelles Schwitzen.

Die Pferde erkranken oft sehr heftig. Man spricht von einem akuten Verlauf. Beim geringsten Verdacht auf eine Viruserkrankung der Atmungsorgane ist der Tierarzt zu benachrichtigen.

Opportunistische Bakterien

Bakterien sind komplizierter aufgebaute Krankheitserreger als Viren. Ihr komplexer Organismus bietet viele Schwachstellen. Dort können Antibiotika ansetzen und daher zur Bekämpfung genutzt werden.

Bakterielle Atemwegserkrankungen entstehen besonders häufig nach einer Minderung der Abwehrkräfte durch Mangelernährung, übermäßige Belastung, Stressfaktoren und vorher aufgetretene Viruserkrankungen. Diese erleichtern den Bakterien ihren Weg zu einer Infektion des Pferdes. Deshalb spricht man auch von einer sekundären bakteriellen Infektion.

Der bei einer Virusinfektion reichlich abgesonderte Bronchialschleim ist zudem ein idealer bakterieller Nährboden. Je zäher der Schleim, desto länger bleibt er wegen der Beschädigung des Flimmerepithels in der Lunge liegen, und desto höher ist das Risiko für eine zusätzliche bakterielle Infektion.

Bakterielle Infektionen nach Virusbefall sind für Pferde sehr gefährlich und können dauerhafte Schäden nach sich ziehen. Auch die Bakterien besiedeln die Schleimhaut, zerstören sie und rufen eine erneute heftige Abwehrreaktion mit Fieber hervor.

Das Pferd ist abgeschlagen, der Husten kann sich verstärken, der Nasenausfluss wird gelblich-eitrig. Nur eine antibiotische Therapie kann das Tier dann noch vor Folgeschäden schützen.
Manche Bakterien treten auch ohne eine vohergehende Viruserkrankung auf. Für die Atemwege bedeutsam ist hier vor allem der Erreger der Druse: das Bakterium *Streptococcus equi.*
Druse ist eine eitrige Entzündung von Nasenraum und Kehlkopf, bei der sich eitergefüllte Abszesse in den Kehlgangs- und Unterkieferlymphknoten bilden.
Die befallenen Pferde sind matt und hoch fieberhaft, husten aber kaum. Vor allem haben sie Schluckbeschwerden, fressen und trinken daher wenig und sondern unter Umständen gelblichen Nasenausfluss ab. Im günstigsten Fall öffnen sich die Lymphknotenabszesse ein bis zwei Wochen nach dem Krankheitsbeginn von selbst und der Patient gesundet dann schnell. Manchmal müssen die Abszesse vom Tierarzt geöffnet werden.
Bei der komplizierten Verlaufsform der Druse werden Bakterien über das Blut in andere Organe verschleppt und verursachen schwerste Folgeschäden, etwa die Bildung weiterer eitriger Prozesse in lebenswichtigen Organen oder einen generalisierten Kreislaufschock.
Druse ist sehr ansteckend. Nicht nur durch direkten Kontakt der Pferde untereinander, sondern auch bei einer Keimverschleppung durch Menschen und Gegenstände. Im Abszesseiter und im Blut erkrankter Pferde ist das Bakterium über mehrere Wochen infektionsfähig. Die bereits erwähnten isolierenden Maßnahmen sind daher besonders zum Schutz benachbarter Bestände wichtig und sollten bereits beim geringsten Verdacht auf eine Druseerkrankung ergriffen werden.
Aufgrund des dramatischen Krankheitsverlaufs ist eine umgehende Benachrichtigung des Tierarztes wesentlich. Dessen Therapie richtet sich nach dem Einzelfall. Obwohl der Druseerreger ein Bakterium und daher mit Antibiotika zu bekämpfen ist, wendet man diese Stoffe nach Möglichkeit zunächst nicht an. Bei regelhaftem Verlauf der Krankheit und Patienten mit guter Abwehrlage ist sogar ein ungestörter Ablauf der Infektion erwünscht, damit der Körper die Bakterien vollständig ausscheiden kann. Eine Gabe von Antibiotika könnte diese Prozesse möglicherweise stören und der Bildung von chronischen Abszessen in den inneren Organen Vorschub leisten, in denen sich fortlaufend neue Bakterien bilden und von dort aus in die Blutbahn gelangen können. Dennoch kann auf die Anwendung von Antibiotika oft nicht verzichtet werden, wenn sich Komplikationen ergeben. Besonders bei Fohlen

und sehr alten Pferden, die aufgrund eines Erstbefalls keine Antikörper gegen Drusebakterien haben, ist eine hochdosierte Antibiose zumeist das kleinere Übel, wenn der Körper mit den Bakterien nicht aus eigener Kraft fertig wird.

Pilze als Infektionserreger

Ähnlich den Bakterien sind auch Pilze in der gesamten Umwelt des Pferdes vorhanden. Bei gesunder Immunabwehr kommt es jedoch zu keiner Erkrankung. Eine zeitweilige Abwehrschwäche kann aber zu einer Infektion führen, die als Mykose bezeichnet wird. Im Bereich der Atemwege entsteht gelegentlich eine Mykose der Luftsäcke. Die Luftsäcke sind beiderseits der Ganaschen gelegene Ausbuchtungen des Nasenraumes. Wird deren empfindliche Schleimhaut von speziellen Pilzen besiedelt, äußert das Pferd zunächst keine besonderen Symptome. Gelegentlich treten geringgradige Schluckbeschwerden oder mangelnde Fresslust auf. Das Pilzwachstum zerstört aber fortwährend Körpergewebe im Bereich der Luftsäcke. Werden dabei Nerven beschädigt, so können Lähmungserscheinungen im Kopfbereich auftreten. Eine Zerstörung der dort entlangführenden großen Blutgefäße kann im schlimmsten Fall zu plötzlichen Todesfällen durch Verbluten führen. Diese Krankheit tritt jedoch verhältnismäßig selten auf. An Luftsackmykosen erkrankte Pferde husten nicht.

Mikroskopisch kleine Pilzsporen sind die Hauptverursacher von allergischen Atemwegserkrankungen; auch in gutem Heu und Stroh findet man sie.

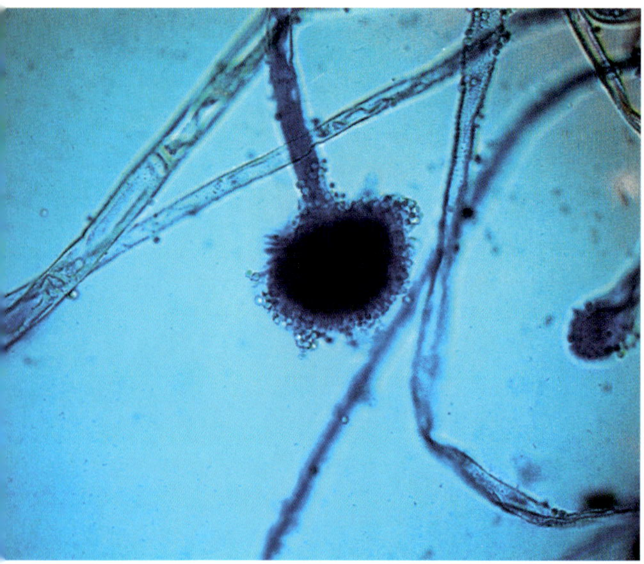

Sehr viel häufiger und daher gefährlicher sind gewöhnliche Schimmelpilze. Die Gefahr besteht bei diesen aber nicht in einer direkten Besiedelung der Schleimhaut in den Atemwegen, also einer Infektion im engeren Sinne, sondern in den Vermehrungsformen der Pilze, den Sporen.

Seltener: Parasiten in den Atemwegen

Auch parasitäre Erreger können die Atmungsorgane des Pferdes befallen und schädigen. Die Patienten husten zunächst nur wenig. Vor allem zwei Parasiten haben eine Bedeutung für die Atemwege des Pferdes.

Der Lungenwurm der Pferde (*Dictyo-*

caulus arnfieldi) kann sich dauerhaft in Lunge und Bronchialbaum des Pferdes einnisten. Ein massenhafter Befall führt zu Bronchitis mit dauerndem trockenem Husten, Fressunlust und Abmagerung. Dieses Problem ist aber in Deutschland von zahlenmäßig untergeordneter Bedeutung. Beim Verdacht auf das Vorliegen von Lungenwürmern sollte man einen Entwurmer mit dem Wirkstoff Ivermectin oder Moxidectin benutzen.
Andere Parasiten halten sich nur zeitweise in der Lunge auf. Die Larven des Pferdespulwurmes (*Parascaris equorum*) etwa durchbohren auf ihrem Weg in den Verdauungstrakt das Lungengewebe und verursachen dort Blutungen, Entzündungen und daher auch Husten. Besonders junge Pferde und Fohlen erkranken schwer. Praktisch alle Entwurmer wirken gegen Spulwürmer.
Der Zwergfadenwurm (*Srongyloides westeri*) ist besonders bei Fohlen bedeutsam, die sich zumeist über die Milch der Stute infizieren. Ein Massenbefall führt zu schweren, oft tödlichen Lungenentzündungen, da die Bohrgänge der Würmer überdies Infektionswege für Bakterien darstellen. Die effektivsten Wirkstoffe gegen Zwergfadenwürmer sind ebenfalls Ivermectin und Moxidectin. Moxidectin allerdings ist für Fohlen bis zum vierten Lebensmonat auf Grund seiner Toxizität verboten.

Allergie durch Fehlprägung

Diese Gefahr ist gerade bei akuten Atemwegserkrankungen hoch: Die entzündeten und geschwollenen Schleimhäute der Atemwege sind in dieser Phase besonders empfindlich. Zusätzlich ist das Lungengewebe übersät mit Abwehrzellen des Körpers. Hier wird ein besonders enger Kontakt zwischen allergisierenden Luftbestandteilen und dem Abwehrsystem des Körpers hergestellt. Man vermutet, dass es unter diesen ungünstigen Umständen leicht zu einer „Fehlprägung" der Immunzellen kommen kann: Sie missdeuten die massenhaft in der Atemluft vorhandenen kleinen Pilzsporen im Staub aus Heu und Stroh als ebenso feindlich wie die Viruszellen. Also nehmen sie diese Strukturen – ebenso wie die Viren – in ihr Abwehrgedächtnis auf, um sie im Wiederholungsfall besonders schnell erkennen, angreifen und beseitigen zu können. Dieser Irrtum ist fatal: Denn während die Viren nach überwundener Infektion wieder aus dem Körper verschwinden, wird das Pferd über Heu und Stroh als Grundfuttermittel kontinuierlich weiter mit Pilzsporen konfrontiert – auf die das Immunsystem dann im ungünstigsten Fall mit dauernder entzündlicher Abwehr reagiert. Die so erworbene Allergie führt in den meisten Fällen zu einem chronischen Husten, da die Pferde dem Staub aus Heu und Stroh in durch-

Gut zu wissen

Echte Dämpfigkeit ist unheilbar

Dämpfigkeit bezeichnet das Endstadium einer chronischen Erkrankung der Lunge oder des Herzens und ist unheilbar. Die durch Lungenschäden verursachte Dämpfigkeit entwickelt sich aus einem chronischen Husten, der in vielen Fällen auf einer Allergie gegen Schimmelpilzsporen aus Heu und Stroh beruht und zunächst noch heilbar ist. In späteren Stadien werden die Veränderungen an der Lunge jedoch unheilbar. Die Schwierigkeit besteht darin, das Ausmaß der Zerstörungen an der Lunge bei der Untersuchung des lebenden Pferdes genau zu bestimmen und daraus eine verlässliche Prognose abzuleiten. So stellt man immer öfter fest, dass die vermeintlich unheilbare Erkrankung wieder ausheilt, wenn die Haltungsbedingungen durchgreifend verbessert werden (luftige Außenbox, staubarme Haltung mit nassem Heu und Futterstroh, keine Stroheinstreu).

schnittlichen Haltungen fortwährend ausgesetzt sind.

Die Weichen für diese Spätfolge werden also unter Umständen schon in den ersten Tagen der akuten Krankheit gestellt. Deshalb sollte man in solchen Fällen sicherheitshalber das Heu für die Dauer der akuten Erkrankung nass verfüttern, um so die stärkste Quelle für pilzsporenhaltigen Staub auszuschalten.

Killerhusten durch Pilzsporen

Die Pilzsporen aus Heu und Stroh sind in hohem Maße allergisierend und für die Mehrzahl der sich später entwickelnden chronischen Hustenerkrankungen verantwortlich. Sie verschlimmern den Ablauf akuter infektiöser Hustenerkrankungen und sind vor allem für die Dauerhaftigkeit vieler chronischer Hustenerkrankungen verantwortlich. Diese sind also letztlich eine Allergie gegen Pilzsporen.

Die Sporen sind in großer Anzahl im Heu, in geringerer Menge dagegen im Stroh enthalten. Bereits kleinste Sporenmengen, wie sie auch in Futtermitteln von guter Qualität auftreten, können Pferde schwer und dauerhaft erkranken lassen. Der Krankheitszustand bleibt so lange bestehen, wie der Patient den Allergenen, also diesen Pilzsporen, ausgesetzt ist. Therapeutische Maßnahmen können die Symptome bestenfalls zeitweise zurückdrängen. Sie ändern aber wenig an der Erkrankung. Chronische Hustenpferde sind nicht nur stark in ihrer Leistungsfähigkeit beeinträchtigt, sondern werden auf mittlere Sicht an dieser Krankheit sterben. Durch eine staubarme und luftige Haltung kann man in vielen Fällen Abhilfe schaffen.

Es ist wissenschaftlich dokumentiert, dass der überwiegende Teil der hustenkranken Pferde durch eine chronische Allergie auf Pilzsporen in diesen Zustand geraten ist. Praktische Erfahrungen von Tierärzten, die ihre Pferdehalter zu einer kompletten Umstellung der Haltung im Sinne einer strikten Vermeidung von Pilzsporen in der Atemluft der Pferde bewegen konnten, zeigen die Heilbarkeit dieser Krankheit auf. Auch vermeintlich untherapierbare Pferde konnten auf diese Weise nicht nur gerettet, sondern sogar oft wieder reiterlich genutzt werden. Leider wird dieser Umstand noch immer von zahlreichen Pferdehaltern, aber auch von Tierärzten vernachlässigt.

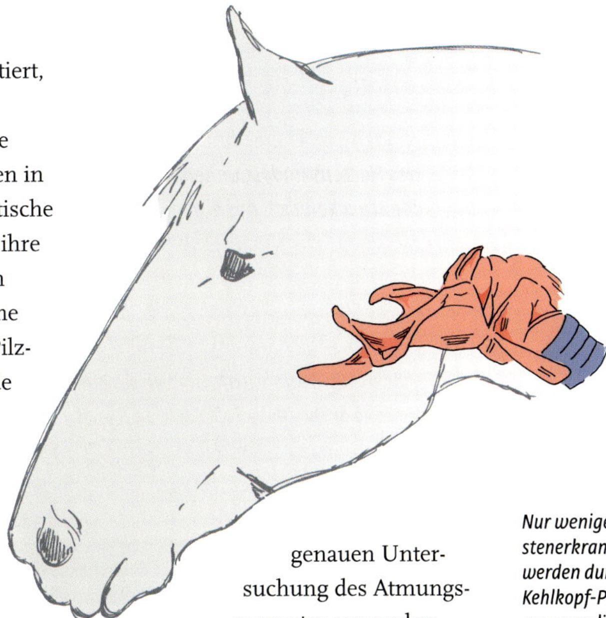

Nur wenige Hustenerkrankungen werden durch Kehlkopf-Probleme ausgelöst (Zeichnung nicht maßstäblich).

Wie untersucht der Tierarzt?

Weil Hustenerkrankungen ein so komplexes Thema darstellen und in ihren Folgen so dramatisch sein können, gehört ihre Behandlung immer in tierärztliche Hände.
Doch vor der Behandlung steht die Diagnose. Die ersten Untersuchungen dienen der Klärung einer wichtigen Frage: ob es tatsächlich die Lunge ist, von der die Hustensymptomatik ausgelöst wird. Bei den weitaus meisten Pferden ist dies allerdings der Fall. Dann wird sich der Tierarzt also einer genauen Untersuchung des Atmungsapparates zuwenden.
Diese hat vor allem das Ziel, die Ernsthaftigkeit des aktuellen Krankheitsgrades zu erkennen sowie Therapie und Prognose genau auszurichten. Der Untersuchungsgang beim Hustenpferd differiert von Fall zu Fall.

Sehen, hören, fühlen ...

Die Bewertung des Allgemeinbefindens scheint ein auf den ersten Blick banaler Anhaltspunkt für die Diagnose von Atemwegserkrankungen zu sein. In der Tat aber hilft sie, die Aktualität des Krankheitsgeschehens einzuordnen.

PAT-Werte: Puls, Atmung und Temperatur werden bei jeder Grunduntersuchung des Tierarztes gemessen.
Ein erhöhter Puls ist häufiges Begleit-

symptom von Fieber, Schmerzen und Atemnot. Die erhöhte Körpertemperatur zeigt deutlich, dass das Pferd Fieber hat und daher an einer Infektion leidet. Ist die Zahl der Atemzüge je Minute erhöht, so stellt dies einen klaren Hinweis auf ein Problem im Bereich von Lunge und Bronchien dar.

Nasenausfluss: Dieses Symptom kann sehr aussagekräftig sein: Am Anfang einer akuten Virusinfektion beispielsweise steht meist wässrig-klarer Nasenausfluss. Im Verlaufe der Erkrankung wird dieser meist milchig-trüb. Gelbliche Verfärbungen sind häufig Hinweis auf das zusätzliche Vorliegen einer bakteriellen Infektion. Tritt der Nasenausfluss über längere Zeit nur in einer Nüster auf, liegt oft eine einseitige Entzündung von Nasennebenhöhlen vor. Allerdings muss bei weitem nicht jede Atemwegserkrankung mit Nasenausfluss einhergehen: Gerade die seit längerer Zeit chronisch hustenden Pferde haben oft eine trocken-allergische Form der Erkrankung, bei der wenig bis kein Nasenausfluss beobachtet wird oder dieser nur nach dem Reiten auftritt. Trotzdem können diese Pferde schwer und langfristig lebensbedrohlich krank sein.

Nasenausfluss ist nicht mit der über den Tränen-Nasen-Kanal in die Nüstern abfließenden, überschüssigen Tränenflüssigkeit zu verwechseln. Letztere ist klar und wässrig; ihre Menge bleibt gering.

Lymphknotenumfang: Die Lymphknoten des Kopfes liegen im Ganaschenbereich und zwischen den Unterkieferästen. Bei vielen Infektionskrankheiten der Atemwege sind sie vergrößert und schmerzempfindlich. Daher ist das Abtasten der Lymphknoten eine Routine-Untersuchung. Besonders bei der Druse sind vergrößerte Lymphknoten ein deutliches Symptom.

Hustenqualität: Wenn Pferde während der Untersuchung nicht spontan husten, kann der Tierarzt den Hustenreiz durch einen kurzen, kräftigen Druck auf den Kehlkopf oder die ersten Knorpelringe der Luftröhre auslösen. Die Klangfarbe und Intensität des Hustens geben ihm wertvolle Hinweise auf die Art der Atemwegserkrankung.

Abhorchen: Das Abhorchen der Atmungsorgane mit dem Stethoskop – auch als Phonendoskop bezeichnet – nennt man in der Fachsprache Auskultieren. Hier können Entzündungen der Atemwege, verstärkte Schleimansammlung und krampfhafte Verengungen der Bronchien anhand des Atemgeräusches beurteilt werden. Dieser Teil der Untersuchung ist einerseits absolut grundlegend; andererseits ist er auch oft mit Falschinterpretationen behaftet. Der häufigste Fehler ist erfahrungsgemäß ein zu kurzes Abhorchen und ein Abhören, das nicht auf beiden Seiten des Lungenfeldes erfolgt. So können leicht wichtige Befunde überhört werden. Auch gehört es zur sorgfältigen Unter-

Das Abhören der Lunge gehört zu den grundlegenden Untersuchungen am hustenkranken Pferd.

suchung dazu, dieses Abhorchen zunächst am ruhig stehenden Pferd vorzunehmen, unter Umständen auch mehrfach und ausgiebig. Danach aber sollte das Pferd durch Longieren oder auf andere Weise belastet werden, um die Atemfrequenz zu erhöhen. Denn viele Krankheiten sind nur bei vertiefter Atmung hörbar. Alternativ zur Bewegung des Pferdes an der Longe kann auch ein pflanzliches Medikament injiziert werden, das die Atmung für wenige Minuten stark anregt und so das Abhorchen auch der sonst bei Ruheatmung nicht benutzten Lungenabschnitte ermöglicht. Wenn sich der Tierarzt für diese Untersuchungen also besonders viel Zeit nimmt oder sie wiederholt, so ist dies kein Hinweis auf fachliche Unsicherheit, sondern es zeigt im Gegenteil ein sorgsames Vorgehen an.

Abklopfen: Wenn der Tierarzt das Lungenfeld des Pferdes – dieses liegt im Wesentlichen ungefähr im Bereich der Sattellage – mit dem Finger oder einem speziellen Instrument abklopft, so kann er anhand des Schalles feststellen, ob die Lunge ihre natürliche Größe behalten hat oder womöglich überbläht ist. Auch ist eine Differenzierung zwischen dem gesunden, trommelartigen Schall der luftgefüllten Lungen und solcher Bereiche möglich, die unter Umständen stark mit Bronchialschleim oder ausgetretenem Blutserum gefüllt sind. Diese Untersuchungstechnik heißt Perkussion.

... und mit Technik messen

Diese ersten Untersuchungen ohne technische Hilfsmittel werden in der Fachsprache als klinische Untersuchung bezeichnet – auch wenn dies im Alltagsgebrauch der Sprache zunächst paradox klingt.
Von den Ergebnissen hängt es ab, ob weitere Befunderhebungen nötig werden. Zu den weiterführenden Untersuchungen gehört unter anderem:

Die endoskopische Untersuchung der Atemwege wird auch als Bronchoskopie bezeichnet. Ihre Eindringtiefe ist begrenzt. Sie kann daher keinen Aufschluss darüber geben, wie stark das Lungengewebe in der Tiefe bereits geschädigt ist.

Endoskopie: Mit einem flexiblen optischen Glasfaserinstrument kann das Innere von Kehlkopf, Luftröhre und Bronchien betrachtet werden. Dies erleichtert die Beurteilung der Verschleimung und einer möglichen Reizung der Atemwege.

Bestimmung des Sauerstoffgehaltes im Blut: Durch diesen Wert lässt sich abschätzen, in welchem Grad das Lungengewebe verschleimt und möglicherweise schon irreversibel geschädigt ist. Er erlaubt also eine Beurteilung der momentanen Atembehinderung und des Zustandes der Lungenbläschen.

Röntgenuntersuchung: Die bei anderen Organen hilfreiche Röntgenuntersuchung kann an der Lunge erwachsener Pferde aufgrund der Größenverhältnisse nicht so leicht vorgenommen werden. Auch bringt sie für viele Hustenerkrankungen wenig verwertbare Ergebnisse. Anders ist die Lage bei Fohlen, die beispielsweise unter einer Lungenentzündung leiden. Hier kann die Röntgenaufnahme sinnvolle Aussagen liefern.

In welchem Umfang die einzelnen Untersuchungen erfolgen und ob Teile der Untersuchung gegebenenfalls wiederholt werden müssen, hängt vom Einzelfall ab und wird im Gespräch zwischen Pferdehalter und Tierarzt festgelegt. Dabei ist auch der genaue Vorbericht über die Krankheitssymptome durch den Pferdehalter von großer Bedeutung. Für dessen Erfassung sollte sich der Tierarzt ausreichend Zeit nehmen. Der Pferdehalter seinerseits sollte sich durch kurze schriftliche Aufzeichnungen darauf vorbereiten, um keine wesentlichen Informationen zu vergessen und die Fakten präzise zusammenfassen zu können – das spart Zeit für alle Beteiligten.

Kompromisslos (be)handeln!

Jede akute Erkrankung der Atemwege sollte umgehend vom Tierarzt behandelt werden. Das gilt in besonderem Maße für frische Virusinfektionen. Dabei kommen verschiedene Medikamente zum Einsatz.

Antibiotika wirken gegen Bakterien. Wenn das Antibiotikum keine Wirkung zeigt, liegt möglicherweise eine Resistenz dieses Bakterienstammes gegen den zunächst gewählten Wirkstoff vor. Dann kann die Anwendung eines anderen Wirkstoffes in Frage kommen. Zur Vermeidung der Entwicklung von weiteren resistenten Bakterienstämmen sollten Antibiotika grundsätzlich so lange verabreicht werden, bis die Bakterien sicher abgetötet sind. Die Therapie ist daher auch nach der ersten Besserung der Krankheit noch erforderlich.
Eine antibiotische Behandlung ist nur dann sinnvoll, wenn auch tatsächlich eine bakterielle Infektion vorliegt. Gelblicher Nasenausfluss kann ein Zeichen für Bakterienbefall sein. Die antibiotische Therapie wird bei Pferden, im Gegensatz zu der bei Menschen üblichen oralen Aufnahme, mit wenigen Ausnahmen, über Injektionen durchgeführt. Der Grund liegt in der großen Empfindlichkeit der Darmflora des Pferdes gegenüber den meisten Antibiotika, die zu schweren Durchfällen führen können. Obwohl Antibiotika an sich keine Wirkung gegen Viren haben, kann ihre Gabe im Einzelfall auch bei Virushusten sinnvoll sein, um bereits vorab einen Schutz gegen drohende sekundäre bakterielle Infektionen aufzubauen.

Bronchospasmolytika: Wie auch beim Menschen führen in ähnlicher Weise beim Pferd mit Husten einhergehende Atemwegserkrankungen in manchen Fällen zu Atemnot. Sie wird durch

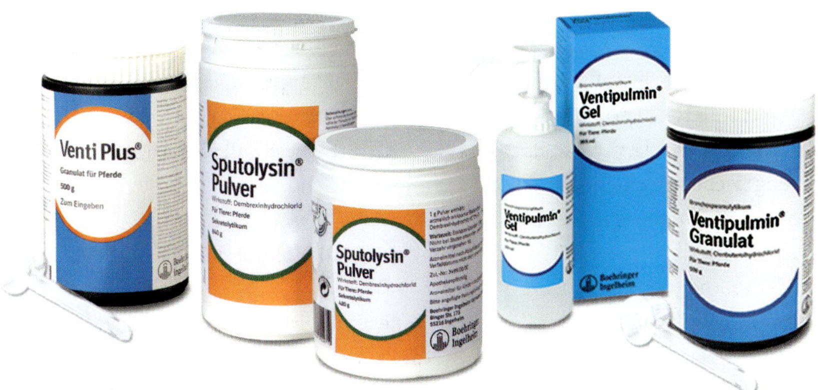

Moderne Arzneimittel können helfen, den Bronchialkrampf zu lösen, die Entzündung zu dämpfen und die überschießende Produktion von zähem Schleim zu reduzieren.

krampfhafte Daueranspannungen in der Muskulatur der Bronchiolen hervorgerufen. Durch diese Verkrampfung verkleinert sich der Durchmesser und damit das Volumen der Luftwege. Man nennt diesen Zustand einen Bronchospasmus. In solchen Fällen kann ein medikamentöses Lösen des Krampfes die verengten Luftwege weiten. Die Atemluft strömt dann wieder besser, der Abfluss des Sekrets wird erleichtert und der Patient kann wieder frei atmen. Das bewährteste Bronchospasmolytikum ist der Wirkstoff Clenbuterol (Ventipulmin®).

Sekretolytika: Größere Schleimmengen in Lunge und Bronchien können sich für das Pferd schädigend auswirken: Die übermäßige Bildung von Bronchialschleim erschwert die Atmung und gibt Bakterien einen Nährboden. Durch so genannte Sekretolytika (zum Beispiel Sputolysin®) wird der Schleim über eine Erhöhung des Wassergehaltes oder die Lösung der intermolekularen Bindungen verflüssigt. Er kann dann leichter durch die Flimmerhärchen abtransportiert oder durch Hustenstöße entfernt werden. Ein praktisches Kombinationsprodukt enthält sowohl ein Bronchospasmolytikum als auch ein Sekretolytikum (Venti-Plus®).

Kortikoide: Jedes Säugetier produziert die natürlichen Kortikoide Kortison und Kortisol. Sie wirken als Hormone und steuern zahlreiche Funktionen des Körpers. Außerdem haben Kortikoide in höherer Dosis eine stark entzündungshemmende, abschwellende und antiallergische Wirkung. Diese wird therapeutisch genutzt. Ist die entzündliche Schwellung der Atemwege überschießend stark, kann es bereits bei akuten Hustenerkrankungen zu Atemnotzuständen bei den Patienten kommen. Eine rasche Abschwellung der Schleimhaut ist dann unbedingt erforderlich. Dafür sind Kortikoide das Mittel der Wahl, insbesondere bei gleichzeitigem Auftreten allergischer Effekte, die nicht auf Bronchospasmolytika ansprechen. Trotzdem ist deren Anwendung keine Dauerlösung.

Immunstimulanzien: Diese Stoffgruppe regt das Immunsystem zur verstärkten Bildung unspezifischer Abwehrzellen an. Ein solcher Mechanismus ist weniger effektiv als die Bildung spezifischer Antikörper gegen bestimmte Viren durch eine vorbeugende Impfung. Dennoch kann er die Ausheilung von Virusinfektionen beschleunigen, da diese nicht über Antibiotika zu beherrschen sind. Zur Steigerung der Wirkung sollten Immunstimulanzien mit Vitaminen kombiniert und wiederholt gegeben werden.

Inhalation: Das Inhalieren von Wasserdampf unter dem Zusatz ätherischer

Öle und anderer Stoffe kann bei Erkrankungen der oberen Atemwege unterstützend neben der weiteren Therapie hilfreich sein. Hier kann der heiße Wasserdampf mit den heilsamen Substanzen seine beruhigende, schleimhautabschwellende und hustendämpfende Wirkung entfalten. Allerdings muss ausreichend oft und lange inhaliert werden, in der Regel dreimal täglich 20 bis 30 Minuten über mindestens eine Woche. Leider sitzt der Krankheitsherd der bedeutsamen und gefährlichen Hustenkrankheiten meist in den Endaufzweigungen des Bronchialbaumes, also den feinsten Bronchiolen und den Lungenbläschen selbst. Hierhin dringen nur sehr kleine Partikel vor, die höchstens 5 mm im Durchmesser haben. Der normale Wasserdampf aus einem Inhaliertopf besteht aus größeren Tröpfchen und kann daher hier keine Wirkung mehr entfalten. Das ist nur mit einem Inhalationsgerät auf Ultraschallbasis möglich, das winzigste Tröpfchen freisetzt, die wirklich an den Ort des Krankheitsgeschehens gelangen können.

Naturheilverfahren: Akute Hustenerkrankungen verschlimmern sich rasch und sind meist von ernsthaften Symptomen begleitet. Ist eine Therapie erforderlich, so muss diese schnell einsetzen und prompt wirken. Daraus ergibt sich, dass naturheilkundliche Behandlungen hier aus medizinischen Gründen meist nicht ausschließlich angewendet werden können. Vor allem im antibiotischen, bronchospasmolytischen und antiallergischen Bereich existieren keine effektiven naturheilkundlichen Wirkstoffe, die dem Standard der heutigen Tiermedizin entsprechen. Denn Hustenerkrankungen der Pferde sind nicht mit einem harmlosen Schnupfen oder

Gut zu wissen

Auch Naturheilmittel sind nur eine Zwischenlösung

Hustenerkrankungen sollte durch eine luftige, pferdegerechte Haltungsform und durch Vorsorgemaßnahmen wie Impfungen, Wurmkuren und eine vielseitige vitaminreiche Fütterung vorgebeugt werden. Im Erkrankungsfalle liegen in der Regel aber sehr schwere Störungen am Atmungsapparat vor, die in der akuten Phase auch massiv bekämpft werden müssen, wofür sich Naturheilmittel nur unterstützend, meist aber nicht alternativ eignen. In der Übergangsphase zu einer gesunden, staubfreien Haltung können Naturheilmittel den Heilungsprozess sinnvoll unterstützen. Ziel ist es aber, das Pferd auf Dauer ohne jeglichen Medikamenteneinsatz gesund zu erhalten.

einer Erkältung des Menschen vergleichbar, die mit und ohne Therapie von selbst wieder verschwinden. Naturheilverfahren sind also nur unterstützend und begleitend sinnvoll. Die Diagnostik und Therapie von Hustenerkrankungen darf nur von Tierärzten vorgenommen werden. Denn Hustenerkrankungen der Pferde können gefährliche Ursachen und schwerwiegende Folgen haben, deren Beurteilung Laienheilkundige fachlich und instrumentell in der Regel nicht gewachsen sind.
Über die tierärztliche Therapie hinaus können und müssen die Halter eines an Husten erkrankten Pferdes aber auch selbst aktiv werden. Mit einfachen Maßnahmen kann die Heilung beschleunigt und Folgeschäden vorgebeugt werden.

Wichtig: die Haltung verbessern

Hustende Pferde dürfen während einer akuten fieberhaften Erkrankung natürlich nicht geritten oder anderweitig gearbeitet werden. Nach der Krankheit ist den Patienten eine ausreichende Erholungszeit zuzugestehen und das Training langsam zu beginnen. Unter anderem wird dadurch einem Rückfall, einer Verschleppung der Infektion und einer bakteriellen Sekundärinfektion vorgebeugt.
Entgegen der traditionellen Vorstellung dürfen hustende Pferde auf keinen Fall in warmen und feuchten Ställen stehen. Denn der dort vorhandene Gehalt an Schadgasen und Staub wirkt sich sehr negativ auf den Krankheitsverlauf aus und programmiert Folgeschäden in Form eines chronischen Hustens. Die Patienten brauchen unbedingt viel frische Luft. Optimal ist eine offene Box mit Halbtüren und direktem Ausblick nach draußen oder einem vorgelagerten kleinen Auslauf oder Paddock, sofern die Pferde an diese Haltung gewöhnt sind und nicht während hochwinterlicher Temperaturen umgestellt werden. Die erhöhte Wärmebedürftigkeit noch fiebernder Pferde stillt man bei niedrigen Außentemperaturen durch Eindecken.
Bedeutsam ist die vorsorgliche Reduzierung der Staubentwicklung aus Heu und Stroh für etwa zwei Wochen. Denn sogar gutes Heu und Stroh ist immer mit Schimmelpilzen besetzt. Die Vermehrungsformen dieser Schimmelpilze – die Sporen – werden von den Pferden eingeatmet und sind hochgradig allergen. Während der akuten Infektion aber sind die Schleimhäute der Atemwege entzündet und dadurch intensiv durchblutet. Außerdem ist das Gewebe durch die Bekämpfung der Viren und Bakterien mit Zellen des Immunsystems dicht besetzt. So ist der Kontakt zwischen den Pilzsporen und dem Immunsystem sehr eng. Dadurch können „Fehlprägungen" entstehen und damit eine Allergisierung auf die Pilzsporen.

Maurerwanne zum Tauchen, Gitterkorb zum Abtropfen: eine praktische Möglichkeit, um kleinere Heumengen zu wässern und dadurch staubfrei zu machen.

Diese Allergie bleibt als chronischer Husten auch dann noch bestehen, wenn die Viruserkrankung längst ausgeheilt ist. Jeder weitere Kontakt zu Heu oder Stroh sorgt dann für eine ständige Fortdauer des Hustens – das chronische Hustenpferd entsteht. Isoliert man das Tier aber in dieser besonders gefährdeten Zeit weitgehend von den allergisierenden Sporen, indem man Heu und Futterstroh nur nach völligem Eintauchen in Wasser verfüttert und nach Möglichkeit auch die Stroheinstreu durch Hobelspäne oder andere staubarme Alternativen ersetzt, kann man dieses Risiko senken und damit der Entwicklung eines chronischen Hustens vorbeugen.

Mit Weitsicht vorbeugen

Vorbeugende Maßnahmen sind zur Verhinderung von akuten Atemwegserkrankungen wichtig. Dazu kommt ein doppelt vorbeugender Aspekt: Eine akute Atemwegserkrankung – auch wenn sie in der Regel zügig und weitgehend folgenlos ausheilt – belastet das Pferd ohnehin schon genug. Wirklich dramatisch aber kann es werden, wenn die akute Erkrankung in ein chronisches Stadium übergeht. Wer also akute Erkrankungen vermeidet, reduziert auch das Risiko für chronischen Husten. Die bereits erwähnte gute Belüftung der Ställe ist grundlegend für die Vermeidung auch von Infektionserkrankungen der Atemwege. Hohe Luftfeuchtigkeit, Schadgase, dauernder Bewegungsmangel und übermäßig viel Staub aus qualitativ minderwertigem Heu und Stroh schwächen die Atmungsorgane und leisten Infektionen erheblichen Vorschub.

Impfungen wirken natürlich nur gegen die jeweils spezifischen Viren. Auch eine korrekte Impfung gegen Influenzaviren beispielsweise kann daher nicht verhindern, dass sich das Pferd mit anderen Virustypen ansteckt und daher dennoch eine fieberhafte Infektionskrankheit der Atemwege erleidet.

Impfen mit Maß und Ziel

Die effektivste Vorbeugung gegen eine Infektionskrankheit besteht in einer Impfung. Impfungen bewirken bei den Pferden eine spezifische Antikörperbildung und schützen daher vor Infektionen, beispielsweise mit Viren.

Das Prinzip besteht darin, dem Immunsystem entweder für die Identifizierung des jeweiligen Virus charakteristische Teile oder gleich vollständige, allerdings abgetötete oder nicht mehr vermehrungsfähige ganze Viren durch eine Injektion zu präsentieren. Weil die Menge der verimpften Virusbestandteile gering ist und eine Vermehrung nicht mehr erfolgt, kann sich das Immunsystem in Ruhe damit beschäftigen und so genannte Antikörper bilden. Diese Antikörper passen zum Virus wie die Messerscheide auf das Messer und machen dieses daher unschädlich.

Die Baupläne von Virus und dazu passendem Antikörper werden vom Immunsystem in Form von Gedächtniszellen aufgehoben.

Kommt es dann zu einer wirklichen Infektion mit dem Virus, hat die körpereigene Abwehr einen großen Vorsprung: Weil die Muster der passenden Antikörper schon vorliegen, können diese schnell kopiert und in großen Mengen auf die zunächst noch kleine Zahl von Viren losgelassen werden. Diesen fehlt dann die Zeit zur Vermehrung, die Infektion wird im Keim erstickt, und die Krankheit bricht gar nicht erst aus.

Allerdings muss der Körper von Zeit zu Zeit wieder an die Baupläne „erinnert“ werden. Das geschieht in Form von regelmäßigen Nachimpfungen. Vergisst man das Nachimpfen, so geht dem Körper der Bauplan verloren – und er ist bei einer Infektion dem Virus wieder völlig ausgeliefert.

Daher ist es so wichtig, dass das vom Hersteller angegebene Impfschema aus Grundimmunisierung und regelmäßigen Auffrischungsimpfungen genau eingehalten wird.

Es versteht sich von selbst, dass man nur gesunde Pferde impfen kann. Gesund bedeutet: zur Zeit nicht mit einer akuten Infektion beschäftigt, gut ernährt und nicht übermäßig mit Parasiten belastet. Wirkt ein Pferd also gesund und lebhaft und hat kein Fieber, was immer unmittelbar vor jeder Impfung mit dem Thermometer zu kontrollieren ist, so kann es geimpft werden. Werden die Pferde etwa zwei Wochen vor der Impfung entwurmt, ist die Immunantwort des Körpers aufgrund der reduzierten Parasitenbürde besser. Dieses Vorgehen steigert die Effektivität der Impfung.

Im Bereich der Atemwege sind vor allem zwei Impfungen praxisüblich: gegen Influenza- und Herpesviren. Diese Impfungen sollten möglichst zeitgleich bei allen Mitgliedern einer Herde erfolgen. Je dichter der Impfteppich ist, desto besser sind alle Individuen gemeinsam gegen einen Seuchenausbruch geschützt. Insbesondere gilt dies für die Herpesimpfung: Gegen das Herpesvirus können Pferde nur eine relative Immunität ausprägen. Das bedeutet: Sehr hohe Virenmengen, wie sie beispielsweise durch frisch und – aufgrund von mangelnder Impfung – besonders schwer erkrankte Pferde ausgeschieden werden, führen unter Umständen zu einer Erkrankung auch bei den regelmäßig geimpften Pferden. Der Grund dafür liegt in speziellen Eigenschaften des Herpesvirus, unter anderem in den versteckten Viren in bestimmten Körpergeweben. Auch starke Stressfaktoren können diese versteckten Viren wieder aktivieren und zur Vermehrung anregen.

Weil die Symptome an den Atemwegen durch Herpesviren nicht besonders schwer sind, ist eine Impfung mit Blick auf dieses Krankheitsgeschehen nicht unbedingt erforderlich. Herpesviren können jedoch auch Lähmungserscheinungen sowie – bei anderen Herpesvirustypen – Aborte bei tragenden Stuten auslösen. Daher ist der Einsatz dieser Impfung mit dem Tierarzt zu diskutieren.

Gegen Influenza besteht für Pferde im FN-Turniersport ohnehin eine Impfpflicht. Pferde abseits des Turniersports fallen nicht darunter. Gerade für kleine private Haltungsanlagen sollte überlegt werden, ob ein Impfschutz gegen Influenza in sinnvoller Relation zum Infektions- und Schadensrisiko steht oder entbehrlich ist. Denn für ein gut gehaltenes und gefüttertes Pferd, das umgehend tierärztlich behandelt wird, stellt eine Influenzainfektion in der Regel keine ernsthafte Bedrohung dar; die Krankheit heilt fast immer folgenlos aus. Also ist abzuwägen, ob die Impfung sinnvoll ist. Im Humanbereich wird die Vielzahl der Impfungen mittlerweile kontrovers diskutiert; typische Nebenwirkungen bestimmter Impfungen sind bekannt.

Bei jeder Impfung ist mit lokalen Reaktionen an der Injektionsstelle zu rechnen. Schwellungen und Schmerzen gehen aber in der Regel schnell vorüber. In seltenen Fällen können Störungen des Allgemeinbefindens auftreten, etwa Abgeschlagenheit, geringgradiges Fieber oder Kreislaufprobleme. Wichtig ist es, die Pferde nach der Impfung einige Tage zu schonen und sorgfältig zu beobachten.

Selbstverständlich entwurmen

Entwurmungen sind für die Gesundheit des Pferdes – nicht nur in Bezug auf Atemwegserkrankungen – absolut unerlässlich. Erwachsene Pferde sollten mindestens viermal pro Jahr ent-

wurmt werden, Fohlen alle acht Wochen. Zweimal im Jahr – im Frühsommer und im Herbst – muss ein Produkt benutzt werden, das auch die drei für Pferde relevanten Bandwürmer bekämpft.
Kotuntersuchungen bieten keine wirkliche Sicherheit: Viele Parasiten scheiden ihre Eier nur unregelmäßig aus; daraus ergeben sich viele falsch-negative Ergebnisse. Insbesondere bei den Bandwürmern ist es sogar bei starkem Befall die Ausnahme, dass Eier im Kot gefunden werden.
Resistenzen bestimmter Parasiten sind mittlerweile für die Wirkstoffgruppe der Benzimidazole mit einem Vorkommen von bis zu 70 % nachgewiesen. Benzimidazolhaltige Entwurmer sollten daher bei Pferden nicht mehr benutzt werden. Die Nebenwirkungen einer Entwurmung sind im Vergleich zu deren Nutzen sehr gering. Viele Substanzen werden erst gar nicht in den Körper resorbiert, sondern wirken nur im Darm abtötend auf die Würmer. Zur Bekämpfung mancher durch den Pferdekörper wandernder Wurmarten ist es jedoch geradezu erforderlich, dass das Medikament vollständig aufgenommen und im gesamten Körper verteilt wird. Diese Wirkstoffe haben aber eine enorme Dosis-Toleranzbreite: Bis zum Neunfachen der eigentlich erforderlichen Dosis wird bei den meisten Produkten vom Pferd vertragen, bis die ersten Nebenwirkungen einsetzen können.
Viel häufiger kommt unter Praxisbedingungen eine Unterdosierung vor, denn die meisten Pferdehalter unterschätzen das Gewicht ihrer Tiere.
Der Parasitenbefall kann durch besonders saubere Einstreu und insbesondere durch das Absammeln des Kotes aus Weiden und Ausläufen wesentlich reduziert werden. Eine Matratzeneinstreu ist hingegen zu vermeiden. Auch das immer wieder praktizierte Verteilen der Kothaufen auf der Weide ist unbedingt zu unterlassen. In mitteleuropäischem Klima werden die Parasiten dadurch nämlich nicht etwa abgetötet, sondern ganz im Gegenteil über die gesamte Wiese verteilt und sind dann noch infektiöser für die Pferde. Diese hygienischen Maßnahmen können die Entwurmung aber nicht ersetzen.

Vorsicht vor Infektionsverschleppung

Wenn das erste Pferd in einem Bestand möglicherweise an einem Virus erkrankt ist, sollte man das Risiko für eine Verbreitung der Krankheit innerhalb des Bestandes sofort verringern. Man stellt das Pferd daher in eine räumlich getrennte Box außerhalb der Hauptstallung. Diese Box darf aber nicht in einem dunklen Winkel untergebracht sein. Sie sollte im Gegenteil eine möglichst gute Belüftung haben, denn Hustenpferde brauchen zwar eine gewisse Wärme, keinesfalls aber stickige Luft, die sie erst recht krank macht. Eine Isolierbox sollte gerade in großen Reitanlagen eine Selbstverständlichkeit sein. Das erkrankte Pferd bekommt besondere Tränk- und Futtereimer sowie eigenes Putzzeug. Es wird erst nach den gesunden Tieren versorgt, und danach wäscht sich der Pfleger gründlich die Hände.

Auch ist es fair und sinnvoll, das verdächtige Pferd nicht mehr in andere Bestände zu bringen und so deren Infektion zu verhindern.

Chronische Atemwegserkrankungen: Alarmstufe rot!

Während akute Erkrankungen erst seit kurzer Zeit bestehen und in der Regel recht schnell und oftmals folgenlos ausheilen, ist die Situation komplizierter, wenn die Krankheit in das chronische Stadium übergeht. Typische Aspekte einer chronischen Krankheit sind:

- Das Problem besteht schon eine ganze Weile.
- Es können die ersten Folgeschäden im Körper eingetreten sein.
- Eine vollständige Heilung nimmt vermutlich längere Zeit in Anspruch.
- Unter Umständen wird die Heilung nicht mehr vollständig sein können.

Wird eine akute Hustenerkrankung der Atemwege also nicht konsequent behandelt und wird dem Pferd durch gute Haltungsbedingungen die Regeneration nicht erleichtert, so besteht immer das Risiko dafür, dass der Prozess chronisch wird.

Dabei bestehen umfangreiche Wechselwirkungen: Schlechte Stallluft und mangelnde Bewegung sind Wegbereiter für Infektionskrankheiten. Umgekehrt wird ein akuter Husten bei guten Haltungsbedingungen viel schneller und vor allem ohne Folgeerkrankungen ausheilen. Haltungsform, Stallklima, Luftqualität und Bewegung kann der Tierhalter selbst steuern und auf diesem Wege vielen Erkrankungen vorbeugen.

Chronische Erkrankungen können ganz allgemein aus nicht ausgeheilten, verschleppten Akutkrankheiten entstehen, wenn die Infektion vom Körper nicht völlig besiegt wird. Speziell bei den Hustenerkrankungen ist der Begriff chronisch aber inhaltlich überwiegend mit „langandauernd" verknüpft und ursächlich in entscheidendem Maße auf die Haltung und Unterbringung des Pferdes zurückzuführen. Mit der artgerechten Haltung steht und fällt das Hustenproblem, denn Pferde sterben nicht an akutem Husten, sondern vielmehr auf Dauer an nicht ausgeheilten chronischen Lungenschäden. Diesen jedoch kann der Pferdehalter vorbeugen.

Vorsicht: Auch Pferde mit chronischen Atemwegsproblemen können natürlich zusätzlich eine frische Infektion erleiden. Die muss dann natürlich auch aktuell behandelt werden - und ihre Symptome sind nicht auf die Grundkrankheit zu schieben!

Symptome: typisch

Eine chronische Atemwegserkrankung kündigt sich charakteristisch an. Dabei ist es durchaus möglich, dass der Patient zunächst zeitweise einen gesunden Eindruck macht. Die Gefahr liegt aber darin, dass die Symptome zu Beginn der Krankheit noch unauffällig sind:

Das Pferd hustet immer wieder, in wechselnder Intensität und Häufigkeit. In der ersten Zeit stellt sich das Husten überwiegend zu Beginn der Arbeit ein, etwa beim ersten Antraben. Später husten die Tiere auch in der Ruhe.

Fieber wird in der Regel nicht beobachtet oder nur in der anfänglichen Phase der akuten Infektion.

Nasenausfluss gilt als eines der typischen Symptome für Atemwegserkrankungen – er kann aber auch nahezu völlig fehlen, obwohl das Pferd dennoch schwer lungenkrank ist.

Nasenausfluss kann vorhanden sein. Meist ist er weiß und trübe, der Ausfluss verstärkt sich nach dem Reiten und ist dann häufig mit feinen Bläschen durchsetzt. Das ständige Vorhandensein geringer oder größerer Schleimmengen kann Bakterien einen Nährboden bieten. Dann wird der Nasenausfluss gelb, oft zeigen die Patienten plötzlich wieder Fieber und Abgeschlagenheit. Manchmal ist bei chronischen Hustern kein Nasenausfluss vorhanden. Das kann in einer trockenen Reizung der Atemwege begründet sein oder in einer sehr festen, zähen Konsistenz des Schleims. In diesen Fällen kann auch das Abhorchen der Lunge mit dem Phonendoskop zunächst wenig ergiebig sein. Erst nach der längeren Gabe schleimlösender Medikamente gehen plötzlich große Sekretmengen ab.

Obwohl Pferde in den ersten Stadien einer chronischen Hustenkrankheit noch leistungsfähig sind, haben die Veränderungen an der Lunge bereits eingesetzt. Diese werden zunächst bei geringer und mittlerer Belastung aber noch nicht offenbar. Meist machen sie sich erst bei stärkerer Belastung des Tieres bemerkbar: durch eine ungewöhnlich hochfrequente Atmung, die sich nach einer Reduzierung der Belastung nur langsam wieder beruhigt. Die Symptome einer chronisch werdenden Atemwegserkrankung sind also typisch – trotzdem kann man sie zu Beginn leicht übersehen.

Beginn: schleichend

Die meisten Pferdehalter können im Nachhinein nicht sagen, wann sie erstmals den Verdacht auf eine chronische Entwicklung der Atemwegserkrankung ihres Pferdes hatten. Sie stellen nur irgendwann fest, dass die erwähnten typischen Symptome immer klarer erkennbar werden – und stecken plötzlich mit dem Husten ihres eigenen Pferdes in einer verfahrenen und komplizierten Situation.

Die typische „Hustenkarriere" eines Pferdes beginnt oft mit einem Virushusten. Nach der anfänglichen Besserung der akuten Symptome bleibt ein

Gut zu wissen

Keine Zucht mit hustenkranken Pferden

Dass eine Trächtigkeit den Zustand einer dämpfigen Stute verbessern könne, ist ein verbreiteter Fehlglaube. Natürlich sollen chronisch hustenkranke Stuten keine Fohlen bekommen. Ein solches Pferd ist in seiner Atmung so sehr gestört, dass die durch den tragenden Uterus hervorgerufene zuzügliche Einengung des Bauch- und Brustraumes sowie die weiteren Belastungen der Trächtigkeit die Atemnot erheblich verstärken würden. Es ist aus tierschützerischen Gründen von großer Wichtigkeit, die Ursache der Atmungsprobleme zu ermitteln. Liegt diese, wie in den meisten Fällen, in einem chronisch-allergischen Husten begründet, wird die Umstellung der Stute auf eine staubarme und luftige Haltung meist eine durchgreifende Besserung bringen, nach der eine Trächtigkeit vermutlich zumutbar ist.
Trotzdem sollte man bedenken, dass zwar nicht die Dämpfigkeit, wohl aber eine vermehrte Anfälligkeit für Hustenerkrankungen vererbbar ist.

Resthusten zurück. Dieser macht sich meist in wechselnder Intensität bemerkbar: zu Beginn nur während des Reitens, später auch in Ruhe im Stall. Zunächst umschreiben viele Pferdehalter das Problem noch mit „anstoßen". Später aber werden die Symptome immer deutlicher. Das Pferd hustet dann immer stärker, mehrere Tierärzte und Tierheilpraktiker versuchen die verschiedensten Therapien, deren Erfolge insgesamt aber gering sind. Viele Medikamente und Kräuterfutter werden verabfolgt, die Übersicht geht verloren, jeder so genannte Fachmann und auch viele Laien äußern eine andere Meinung. Und irgendwann wird das Pferd als chronischer Huster klassifiziert und damit als quasi unheilbar dargestellt. Das muss aber nicht so sein.

Verschlechterung: häufig

Wird die Hustenerkrankung nicht innerhalb einer vernünftigen Zeit, die bei jedem Pferd unterschiedlich ist, unter Kontrolle gebracht, laufen vielfältige und gefährliche Veränderungen an der Lunge ab.
Die Schleimhaut der Bronchien und Bronchiolen schwillt an, deren Durchmesser wird dadurch kleiner. Die Atemluft kann nicht mehr ungehindert hindurchströmen, das Atmen fällt dem Pferd zusehends schwer. Entzündliche Sekrete werden abgesondert und engen den Durchmesser der Luftwege zusätzlich ein. Wird der Schleim zäh, gehen Flimmerhärchen der Bronchialschleimhaut teilweise zugrunde und können daher ihre Reinigungsfunktion nicht mehr erfüllen. Es entsteht ein Nährboden für Bakterien.

Die Flimmerhärchen (Zilien) gehören zum Reinigungssystem der Atemwege. Durch dichte Lagen zähen Schleims büßen sie ihre Funktion ein.

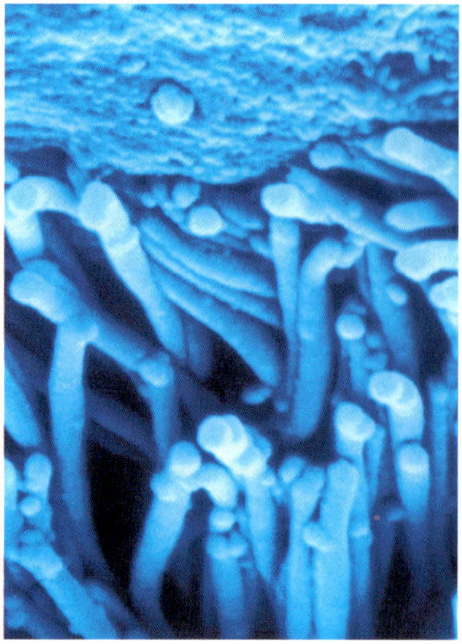

Nach einiger Zeit reagieren die Bronchiolen mit einem krampfartigen Zustand, der durch die Kontraktion der sie umgebenden Muskelfasern ausgelöst wird. Dieser Zustand ist mit dem Asthma des Menschen vergleichbar. Es entsteht ein Bronchialkrampf, der den für die Luftströmung erforderlichen Hohlraum weiter einengt.
In diesem Stadium ist es höchste Zeit für eine massive Therapie und durchgreifende Haltungsumstellung, sonst werden nicht wieder zu behebende Schäden gesetzt, denn das Pferd muss aufgrund der verengten Atemwege gegen einen erhöhten Widerstand atmen. Dabei entsteht ein Ventileffekt: Die Einatmungsluft wird an den Engpässen vorbei in die Lungenbläschen – Alveolen – hineingepresst. Weil aber für die Ausatmung ein nicht ganz so hoher Druck zur Verfügung steht, verbleibt ein geringer Teil der eingeatmeten Luft wie durch ein Ventil hinter dem Engpass in der Alveole. Bei der nächsten Einatmung gelangt weitere Luft in die Alveole hinein, die aber wieder nur unvollständig entweichen kann. So werden die Alveolen nach und nach aufgebläht, es entsteht eine Lungenüberdehnung mit erschwerter Atmung. Diesen Zustand nennt man in der Fachsprache Chronisch Obstruktive Bronchitis, abgekürzt COB. Im internationalen wissenschaftlichen Sprachgebrauch nennt man das Phänomen Chronic Obstructive Pulmonary Disease, abgekürzt COPD. Diese Lungenüberdehnung ist noch reversibel, wenn sie durch intensive Therapie und Haltungsänderung mit streng staubarmer Unterbringung

konsequent bekämpft wird. Unternimmt man jedoch nichts gegen diesen Zustand, so reißt die Wand der überblähten Alveolen schlussendlich ein, die zerstörten Bläschen gehen für die Atmung verloren. Es stellt sich ein Emphysem (= Luftansammlung im Gewebe) ein. Dieses Stadium ist nicht mehr reversibel. Man bezeichnet es auch als Dämpfigkeit.

Der Ausdruck Dämpfigkeit wird jedoch oft missbräuchlich verwendet. Er beinhaltet immer die Nichtumkehrbarkeit des krankhaften Zustandes. Am lebenden Pferd ist von außen aber trotz sorgfältiger Untersuchung nicht unbedingt festzustellen, inwieweit die Veränderungen schon irreversibel sind. Der Ausdruck irreversibel ist bei Hustenpferden relativ: Wenn die Tiere weiterhin den allergisierenden Sporen und ganz allgemein schlechten Haltungsbedingungen ausgesetzt sind, kann sich der Zustand tatsächlich nicht verbessern. Die beste Probe und zugleich der Beginn der ursächlichen Therapie ist hingegen eine strikte Isolierung von jeglichem Staub für einige Zeit, wobei man in ernsten Fällen in der Übergangszeit zuzüglich medikamentös behandeln muss. Bessert sich der Patient dann deutlich, so lag überwiegend eine Lungenüberdehnung vor, die sich zurückgebildet hat. Ändert sich der Zustand trotz allem nicht, muss man davon ausgehen, dass irreversible Veränderungen vorlagen.

Dabei sind zahlreiche Übergangszonen möglich. Überwiegen die reversiblen Veränderungen bei geringfügig irreversiblen Schäden in den Lungenrändern, ist eine nahezu vollständige Genesung des Pferdes zu erwarten.

Sind dagegen bereits umfangreiche Zonen des atmungsaktiven Gewebes unwiderruflich zerstört, weil die Alveolen in großem Umfang eingerissen sind, so kann die verbleibende Atmungskapazität möglicherweise nur noch für eine Ruheatmung bei Weidegang ausreichen, die weitere reiterliche Nutzung aber ausgeschlossen sein. In krassen Fällen ist den Tieren auch ein Leben als Gnadenbrotpferd

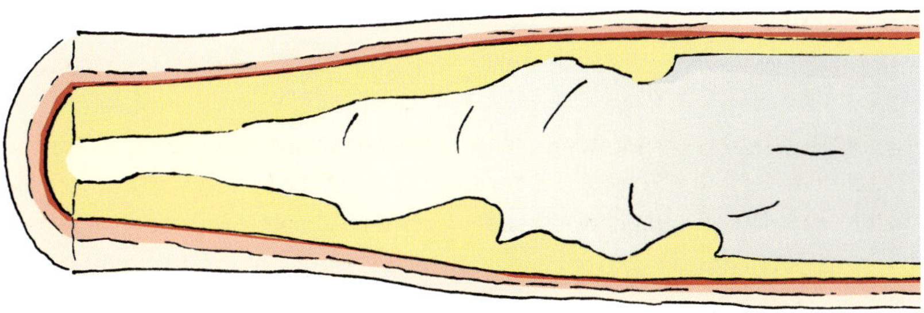

Krampfartige Verengung, verstärkte Schleimbildung und dauernde Entzündung können durch entsprechende Medikamente bekämpft werden.

wegen der dauernden Atemnot nicht mehr zumutbar.
Eine zuverlässige Prognose ist in dieser Hinsicht aber – und das sei ausdrücklich betont – nicht möglich, solange der Patient in der schlechten Luft steht.
Erst nach mehreren Wochen in einer staubarmen Haltung – bei Bedarf zunächst zusätzliche Anwendung von Kortikoiden – die keine Besserung erbrachten, kann man von einer tatsächlichen Unheilbarkeit ausgehen. Solche Fälle sind aber seltener als allgemein vermutet. Meist wird den Pferden diese Chance hingegen verwehrt und die tödliche Diagnose der Dämpfigkeit oft zu früh und damit falsch gestellt.

Schreckliches Ende

Die rapide Verschlechterung der Lungenfunktion eines chronischen Hustenpatienten fällt äußerlich durch verschiedene Anzeichen auf.
Der Husten wird immer häufiger. Er ist nicht mehr laut und kräftig, sondern leise und matt. Das Pferd atmet angestrengt, die Nüstern sind bei der Einatmung gebläht, bei der Ausatmung pressen die Bauchflanken mit, um die Luft aus der Lunge zu entfernen. Dadurch entsteht die so genannte Dampfrinne, welche jedoch auch schon bei der reversiblen Lungenüberdehnung auftreten kann. Schon bei kleinen Anstrengungen steigt die Atemfrequenz, da ein Sauerstoffdefizit besteht. Aus demselben Grund beruhigt sich die Atmung nach der Arbeit nur langsam. Die Kondition lässt nach. Das Pferd gerät schnell ins Schwitzen, es hat keine Lust zur Arbeit. Feuchtwarme Witterung verschlechtert die Symptome weiter.

Werden chronische Huster nicht in absehbarer Zeit in eine luftigere Haltung verbracht und adäquat therapeutisch versorgt, so kann sich durch den bereits beschriebenen Ventileffekt im Bronchospasmus eine Lungenüber-

Gut zu wissen

Menschen dürfen husten – Pferde nicht

Man kann Hustenerkrankungen bei Pferden und Menschen nicht miteinander vergleichen. Wenn Pferde häufig husten, liegt dem eine schwere krankhafte Veränderung zugrunde, die mit Schäden am Lungengewebe verbunden ist. Gerade die Lunge ist aber für das Lauftier Pferd ein übermäßig wichtiges Organ. Wird sie beschädigt, bedeutet dies das Ende der Nutzung des Tieres. Der Vergleich mit dem Menschen wäre also nur für einen Leistungssportler zutreffend. Der nimmt eine Hustenerkarnkung sehr ernst – und kuriert sie sorgfältig aus.

dehnung einstellen; später wird dieser Zustand unheilbar und dann oft als Dämpfigkeit bezeichnet. Dieses Endstadium sowie alle Zwischenstufen sind der Asthmaerkrankung des Menschen sehr ähnlich.

Hochfrequente pumpende Atmung, geweitete Nüstern, Pressen der Bauchflanken und sichtliche Angstzustände - ein solches Befinden ist ein Notfall und bedarf umgehender tierärztlicher Intensivtherapie, bei denen hohe Dosen von Kortikoiden meist die letzte Rettung darstellen. Spätestens dann wird eine Haltungsumstellung überlebenswichtig.

Wenn sich trotz Haltungsänderung und intensiver Therapie über Wochen keine Besserung einstellt, sollte das Pferd aus Tierschutzgründen in jedem Fall umgehend getötet werden. Tierquälereien aus Unwissenheit werden begangen, indem man asthmatische Pferde mit Erstickungsanfällen einfach stehen lässt. Solche Fälle sind in der Praxis leider gar nicht selten zu beobachten. Diese Tiere stehen Todesangst aus.

Chronischer Husten ist vermeidbar

Der tödliche Ausgang einer chronischen Atemwegserkrankung ist durchaus abwendbar. Dafür muss man die Ursachen klar erkennen und abstellen, das Pferd konsequent behandeln und seine Haltung optimieren.

Staub in vielen Formen

Staub besteht aus schwebfähigen Partikeln in der Luft. Er kann aus anorganischen und organischen Quellen stammen.

Häufige anorganische Luftstäube im Pferdebereich sind beispielsweise Sand- und Steinstaub, der in Reithallen, auf Außenplätzen und in heißen Sommern in Paddocks, Ausläufen und auf Feldwegen entsteht. Diese Stäube sind für Pferde nicht sehr problematisch. Sie bestehen aus großen Partikeln, deren Durchmesser über 5 µm (1 µm = 1 Tausendstel Millimeter) liegt. Deshalb dringen sie nicht sehr weit in die Lunge ein und werden von den Flimmerhärchen der Bronchien überwiegend herausgefiltert. So können sie, außer bei häufiger und extrem starker Staubentwicklung, weniger Schaden anrichten. Gefährlich werden kann höchstens der Staub aus Reitbahnböden, die neben Sand und Sägemehl auch Kunststoffabfälle oder Lohe (zerfaserte Rückstände aus der Lederverarbeitung) enthalten. Lohe kann aufgrund der Gerbereirückstände (Chromsalze) bei empfindlichen Pferden und Reitern allergische Reaktionen an den Atmungsorganen und der Haut auslösen. Kunststoffabfälle setzen gelegentlich bei Erwärmung Chlorgas und Lösungsmittel frei.

Organische Stäube im Bereich der Pferdehaltung stammen überwiegend aus den Futtermitteln und der Einstreu, in geringerem Maße von der Oberfläche der Pferde und aus der natürlichen Umgebungsluft. Neben feinsten Pflanzenteilen, Pollen, Tierhaaren und Hautpartikeln sind vor allem die Vermehrungsstadien verschiedener Schimmelpilzarten und

Versuche mit tragbaren Staubfiltern haben es gezeigt: Die Luft geschlossener Boxenställe mit Heu-Stroh-Haltung ist erheblich staubiger und damit gesundheitsschädigender als die Luft in Offenboxen bei staubarmer Haltung.

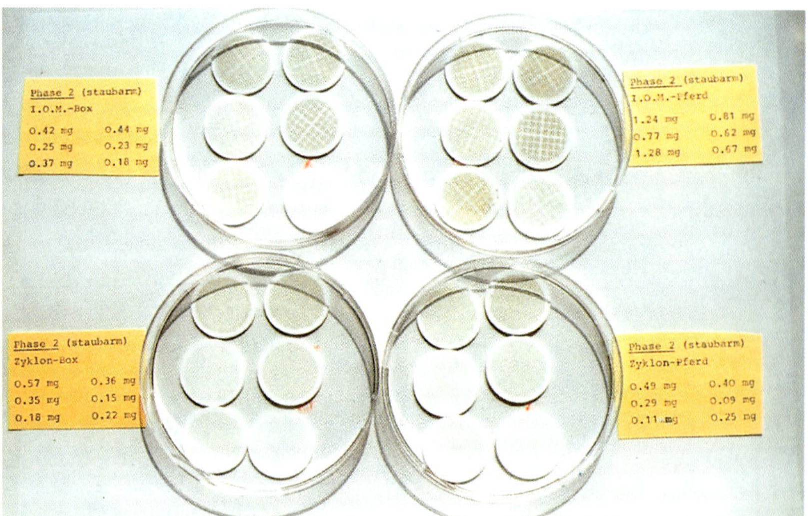

Laborgetestetes Heu – und trotzdem hustende Pferde

Auch qualitativ hervorragendes Heu ist immer mit einer gewissen Menge an Schimmelpilzen behaftet, die eine Heustauballergie auslösen kann. Diese Gefahr besteht unabhängig von der sonstigen Qualität und dem äußeren Anschein der Futtermittel. Der mit Schimmelpilzsporen belastete Staub aus Heu und Stroh ist eine häufige Ursache insbesondere für chronischen Husten. Er beruht auf einer Allergie, daher reichen auch schon kleinste Mengen aus. Trotzdem gibt es auch noch andere Ursachen für Husten, der ja zunächst nur ein Symptom ist. Daher sollten die Ursachen unbedingt abgeklärt werden.

Gut zu wissen

anderer Mikroorganismen wesentlich, die als Sporen bezeichnet werden. Sie sind im Heu und Stroh in reicher Menge enthalten. Ihre allergene Wirkung ist ausgesprochen hoch. Daher sind Schimmelpilzsporen die Hauptursache für chronischen Husten, Dämpfigkeit und damit den vorzeitigen Tod vieler Pferde. Pilze benötigen für ihr Wachstum neben Nahrung vor allem Feuchtigkeit und Wärme. Diese beiden Faktoren sind im Heu durch den Fermentationsprozess bei der Heureifung gegeben, sodass Heu fast immer mehr Pilzsporen aufweist als Stroh. Außerdem wird Stroh überwiegend von anderen Pilzen besiedelt, die etwas weniger allergen sind.
Schimmelpilzsporen sind sehr klein, ihr Durchmesser liegt unter 5 µm. Daher dringen sie bis in die feinsten Endverzweigungen der Lunge ein. Außerdem verbleiben sie, etwa nach dem Aufschütteln von Heu, bis zu mehreren Stunden als Schwebstoffe in der Luft und werden auch bei jeder Bewegung des Pferdes in der Einstreu von neuem aufgewirbelt.

Der verantwortungsbewusste Pferdehalter wird äußerlich sichtbar verschimmeltes Heu und Stroh nicht mehr benutzen. Leider enthält auch korrekt geerntetes, trocken eingebrachtes und sorgfältig gelagertes Heu, das äußerlich von bester Qualität zu sein scheint, immer noch Pilzsporen. Da der größte Teil der chronischen Hustenpferde unter einer Heustauballergie leidet, müssen solche Tiere von Heu- und Strohstaub völlig getrennt werden, um sie gesunden zu lassen.

Juckende Pollen

Einige Pferde reagieren auch auf Blütenpollen mit allergischem Husten. Pollenallergiker sind bei Pferden allerdings sehr viel seltener als bei Menschen. Die Krankheit tritt meist im

April, Mai und Juni auf, kann allerdings auch im Winter durch die Verfütterung von Heu ausgelöst werden, das in der Blüte gemäht wurde und daher Pollen enthält.
Pollenallergiker sind daran zu erkennen, dass sich ihre Hustensymptomatik auf der Weide ohne jegliches Heu und Stroh nicht bessert, wohl aber in einem luftigen Stall mit sauberer Einstreu. Es ist recht schwierig, echte Pollenallergiker von jenen Patienten zu unterscheiden, deren Husten auf der Weide erst einige Zeit zur Ausheilung benötigt. Man kann sich aber daran orientieren, dass echte Pollenallergien recht selten und damit viel unwahrscheinlicher sind.

Ammoniak & Co.

Das bekannteste Schadgas in der Stallluft ist Ammoniak. Der von Pferdefreunden geliebte und als anheimelnd empfundene Pferdestallduft geht zu einem großen Teil auf dieses bereits in geringer Konzentration schleimhautreizende Giftgas zurück. Ammoniak schadet direkt und indirekt. Direkt durch eine Beschädigung der Atemwege über Schleimhautreizungen, die zum Leistungsverlust und zu Reizhusten führen. Indirekt schadet er durch eine Schwächung der Immunabwehr und daraus resultierende erhöhte Anfälligkeit für Infektionskrankheiten, insbesondere bei der Anwesenheit weiterer Belastungsfaktoren. Die Infektionskrankheiten wiederum ziehen oft einen allergisch-chronischen Husten nach sich. Beides bringt Nutzungsausfall, Leistungsminderung und später den eventuellen Verlust des Pferdes.
Weniger bekannt ist Schwefelwasserstoff, ein in höherer Konzentration faulig riechendes Gas mit ebenfalls

Auch Pferde vom südlichen Typ entwickeln nach Bedarf ein dickes Winterfell.

schleimhautreizender Wirkung.
Beide Gase entstehen bei der Zersetzung von Kot und Urin. Dabei hat Schwefelwasserstoff in der Pferdehaltung aufgrund der im Vergleich zur Massentierhaltung von Nutztieren geringen Tierbesatzdichte keine allzu große Bedeutung. Dies gilt auch für andere schädliche Spurengase in der Stallluft.
Dem Entstehen von Ammoniak lässt sich sehr leicht vorbeugen: Eine saubere, täglich gewechselte Einstreu ist die wichtigste Maßnahme. Die so genannte Matratze ist nicht mehr als ein Misthaufen in der Box. Bei Vernachlässigung ist sie feucht und kann daher nicht wärmen. Aber auch bei bester Pflege bietet sie allen Parasiten gute Entwicklungsmöglichkeiten.
Sicher sollten neben der Pferdegesundheit auch die Belange der Menschen berücksichtigt werden, die die Tiere versorgen und sich dadurch – besonders im gewerbsmäßigen Bereich – oft viele Stunden im Stall aufhalten. Hohe Konzentrationen von Ammoniak und besonders der sporenhaltige Staub aus Heu und Stroh können auch bei Menschen schwere Allergien auslösen. Bekannt ist das Krankheitsbild der Farmerlunge, die zu asthmatischen Zuständen bis hin zur völligen Arbeitsunfähigkeit führt. Dass die Belastung der Atmungsorgane für ein ganztägig in diesem Stall untergebrachtes Pferd dramatisch sein muss, wenn die Menschen bereits nach acht Stunden krank werden, ist leicht nachvollziehbar.

Tödlicher Mief

Die relative Luftfeuchte im Pferdestall sollte bei 60–75 % liegen. Das entspricht ungefähr den Luftbedingungen im Freien an einem warmen Tag im Frühsommer. Dicht besetzte Pferdeställe im Winter bei wenig Belüftung haben oft eine deutlich höhere Luftfeuchte. Das ist für Pferdelungen schädlich.
Bei der Planung von Pferdehaltungsanlagen sollten auch die Geländeverhältnisse berücksichtigt werden: Feuchte Tallagen oder Nordhänge sind äußerst ungünstig. Leicht bilden sich hier Kaltluftseen, die den Luftaustausch zwischen Stall und Umgebung erschweren und für Kondensationsfeuchtigkeit sorgen, unter anderem auch im Heuvorrat. Ideal sind dagegen windige, sonnige Höhen oder Südhanglagen.
Leben Pferde ganzjährig draußen, so schwankt die Feuchtigkeit ihrer Atemluft auf natürliche Weise ganz erheblich. Der gesunde Organismus ist darauf jedoch eingestellt, wenn seine Regulationsmechanismen nicht durch die schädigenden Faktoren der Stallhaltung, etwa Schadgase, Staub, hohen Infektionsdruck und Bewegungsmangel, belastet werden. Trotzdem husten lungenempfindliche Pfer-

de unter feuchter Novemberwitterung auch bei Außenhaltung möglicherweise stärker.

Schmutzkeime überall

Neben solchen Viren, Bakterien und Pilzen, die ganz spezifische Erkrankungen auslösen, etwa Influenza oder Druse, findet man in der Luft eines Stalles weitere unspezifische Bakterien in großer Zahl. Sie geraten mit dem Kot der Pferde, aus dem Hufhorn und Futtermitteln in den Stall oder den Atmungsbereich des Pferdes. Man muss davon ausgehen, dass ein hoher allgemeiner Keimbesatz das Immunsystem überlastet und die Atmungsorgane für verschiedene Erkrankungen anfällig macht. Je höher die Tierbesatzdichte ist und je geringer der Luftaustausch, umso höher ist der allgemeine Keimgehalt im Stall.

Besonders belastend sind solche Bakterien, deren Zellwand für den Säugetierorganismus giftige Substanzen enthält, so genannte Endotoxine. Diese Endotoxine werden frei, wenn die Bakterien absterben, etwa nachdem sie von den Abwehrzellen der Lunge aufgenommen wurden oder allgemeinen Kontakt zur Bronchialschleimhaut hatten. Das Toxin löst im Körper allergische Reaktionen aus, die sich an der Lunge in chronischen Entzündungen und Atemnot äußern können. Der Endotoxingehalt in der Luft von Nutz-

Die ungünstigste Haltungsform für Pferde: ein allseitig geschlossener Boxenstall

Hustende Pferde brauchen frische Luft

Entgegen der weit verbreiteten Ansicht, hustende Pferde müssten in einem warmen Stall untergebracht und vor jedem Wind geschützt werden, ist für Hustenpferde nichts so schädlich wie die mit zahlreichen Schadstoffen belastete Luft eines geschlossenen Stalles. Hustende Pferde, zumal bei chronischen Erkrankungen, brauchen möglichst viel frische Luft und sollten daher am besten in offenen Einzelboxen mit direktem Zugang zur Außenluft untergebracht sein. Allerdings sollen sie nicht frieren, brauchen also bei nasser Witterung auch auf der Weide in jedem Fall eine Schutzhütte. Eine Ausnahme gilt für Pferde mit einer akuten Infektion der Atemwege, die in der Regel mit hohem Fieber einhergeht. Fiebernde Pferde frieren besonders leicht und sollten daher bei kühler Witterung eingedeckt werden. Trotzdem ist auch ein fieberndes Pferd keinesfalls bei geschlossener Stalltür zu halten, sondern braucht frische Luft.

Gut zu wissen

tierställen ist bereits gut untersucht. Er wirkt sich nicht nur wachstumsmindernd auf die Tiere aus, sondern bewirkt auch bei den versorgenden Menschen allergisches Asthma. Messungen in Pferdeställen haben ergeben, dass auch hier Endotoxine vorhanden sind, deren Zahl in geschlossenen Ställen besonders hoch ist. Die Wirkung auf die Pferde ist noch nicht genau untersucht, man muss aber davon ausgehen, dass Lungenerkrankungen jeder Art Vorschub geleistet wird.

Keine Klimaanlage!

Luftverunreinigungen sind die Hauptverursacher von chronischen Atemwegserkrankungen bei Pferden. Je sauberer und natürlicher in Feuchtigkeit und Temperatur die Atemluft ist, desto gesünder lebt das Pferd. Tierhygieniker wollen dieses Ziel oftmals mit technischen Lüftungsanlagen erreichen. Solche Verfahren werden in der Intensivhaltung von Nutztieren angewendet, um die Besatzdichte in den Ställen – zu Lasten der Tiere – extrem steigern zu können. Es kann jedoch nicht das Ziel einer artgerechten und langfristig gesunden Pferdehaltung sein, das geöffnete Fenster oder die offene Halbtür durch Lüftungsanlagen zu ersetzen, auch wenn dies oft praktiziert wird. Von den gesundheitlichen Schäden abgesehen, entgeht den Pferden so auch der für ihr seelisches Wohlbefinden und ein ausgeglichenes Temperament unbedingt erforderliche Umweltkontakt. Schwankungen der Außentemperatur gehören zum natürlichen Erfahrungsbereich eines Pferdes und trainieren das Immunsystem. Die beste Klimaanlage ist daher eine Offenstallhaltung der Pferde in Gruppen auf Weiden oder in großen Ausläufen. Eine solche Haltung bietet nicht nur gute Luft, sondern auch Bewegungsanreize, Informationen aus der Umgebung und Sozialkontakte und schafft damit ausgeglichene Pferde. Alternativ dazu kann das Pferd in einer nach vorne offenen Reihenbox mit Halbtür stehen, wenn es wirklich ganzjährig tagsüber auf die Weide kommt.

Ein weiterer Kompromiss besteht in einer offenen Box mit anschließendem kleinen Paddock oder Auslauf. Hier kann das Pferd bei Bedarf auch zeitweise in seine Box gesperrt werden.

Bewegungsmangel fördert Husten

Bewegung bedeutet Leben, in körperlicher, geistiger und seelischer Hinsicht. In besonderem Maße gilt dieser Grundsatz für das hochentwickelte Lauftier Pferd.

Körperliches Training schafft nicht nur Kondition, Muskulatur, Immunstimulierung und seelische Balance. Bewegung ist das Lebensprinzip des Pferdes. Wie kaum eine andere Erkrankung steht der Husten, der chronische zumal, in Verbindung mit einer nicht artgerechten Haltung und verursacht Leistungseinbußen. Die Häufigkeit der Hustenerkrankungen in einem Bestand kann nahezu als Maßstab für die Qualität der Unterbringung dienen.

Tägliche Bewegung ist für Hustenpferde ein wesentlicher Bestandteil der Therapie, denn so löst sich der zähe Bronchialschleim.

Die Pferdelunge ist ein hoch spezialisiertes Organ, das regelmäßig gefordert werden muss. Nur durch Bewegung wird das Gewebe bis in die Lungenspitzen hinein beatmet und durchblutet. Die Abwehrlage verbessert sich, und vor allem werden kleinere Schleimansammlungen abtransportiert. Bewegung sollte für ein Pferd nicht nur aus Reiten und Fahren bestehen. Es sind die vielen kleinen täglichen Ortswechsel, das Spielen mit Artgenossen, das Toben auf der Weide, verteilt über den ganzen Tag, die für das Pferd bedeutsam sind. Gute Gruppenhaltungssysteme lassen die Tiere sogar möglichst oft zwischen Fressplatz, Ruhezone und Wasser pendeln. Das alles kann nicht durch zwei Stunden Reiten pro Tag ersetzt werden.

Chronischer Husten: Die tierärztliche Behandlung

Wie bei akuten Hustenerkrankungen ist auch im chronischen Stadium eine Untersuchung durch den Tierarzt wichtig. Dabei kann außerdem in gewissem Umfang festgestellt werden, in welchem Grad die Atmungsorgane möglicherweise schon geschädigt sind. Diesen Prognosen kann man aber zunächst keine allzu hohe Bedeutung geben; viele Pferde entwickeln sich nämlich in der Folge einer guten Therapie mit optimaler Gestaltung der Begleitumstände überraschend gut. Tierärzte greifen bei der Behandlung chronischer Hustenerkrankungen im Wesentlichen auf dieselben Medikamente zurück, die auch für akute Hustenerkrankungen eingesetzt werden, allerdings mit unterschiedlicher Gewichtung.

Antibiotika, Kortison & Co.

Während Kortikoide bei akuten Hustenerkrankungen seltener erforderlich sind, ist ihr Einsatz für den chronischen Hustenpatienten oft lebensrettend. Solche Pferde sind meist Allergiker und neigen daher zu den erwähnten krampfartigen Daueranspannungen der Muskulatur der inneren Atemwege mit deutlicher Behinderung der Atmung und dem Risiko eines Emphysems. Auf Bronchospasmolytika sprechen solche Patienten nicht immer im gewünschten Maß an. Um dann überhaupt noch eine therapeutische Reserve zu haben, sind Kortikoide in manchen Fällen unverzichtbar oder sogar lebensrettend – aufgrund ihrer entzündungshemmenden, abschwellenden und antiallergischen Wirkung. Denn in dieser Situation geht es oft um das Leben des Pferdes. Zudem leiden gerade Pferde in einem fortgeschrittenen Stadium chronischen Hustens oft unter Atemnot. Dieser Zustand ist ausgesprochen qualvoll, wie jeder asthmakranke Mensch bestätigen

Gut zu wissen

Kortison: keine Dauertherapie

Kortison ist ein körpereigenes Hormon, das in höherer Dosis therapeutisch genutzt wird. Unter anderem wirkt es abschwellend und unterdrückt allergische Reaktionen. Wenn sich das Befinden eines chronischen Husters durch Kortisongaben bessert, liegt in der Regel eine Allergie gegen Pilzsporen aus Heu und Stroh vor. Gerade dann ist es aber wenig sinnvoll, die Allergie zu bekämpfen, ohne diese Ursache auszuschalten. Das Pferd sollte also möglichst bald auf eine staubarme Haltung umgestellt werden, um wirklich zu gesunden. Dauerhafte Anwendung von Kortison ist in diesem Fall nicht erforderlich und wegen den Nebenwirkungen unerwünscht.
Achtung: Für hustende Pferde mit asthmatischen Zuständen ist eine kurzzeitige Kortisonbehandlung jedoch in vielen Fällen unbedingt erforderlich, um die quälende Atemnot zu beheben und der Zerstörung von Lungenbläschen vorzubeugen.

wird. Einen Patienten mit asthmatischer Atmung einfach stehen zu lassen oder nur homöopathisch zu behandeln, ist Tierquälerei. Die Wirkung der Therapie muss schnell und sicher einsetzen.
Andererseits ist es von entscheidender Wichtigkeit, sich nicht nur auf die Wirkung des Kortikoids zu verlassen. Dieser Weg ist auf Dauer eine Sackgasse, denn er ändert nichts an den Ursachen des allergischen Hustens. Die Symptome werden zeitweise zurückgedrängt, der Krankheitsprozess aber nur unwesentlich aufgehalten.

Antibiotika werden bei chronischen Hustenproblemen nur selten gebraucht. In wenigen Fällen, wenn zusätzlich eine verschleppte bakterielle Infektion vorliegt, können sie erforderlich werden. Solche Pferde haben dann meist gelblichen Nasenausfluss und häufige Fieberschübe. In fast allen anderen Fällen aber sind sie therapeutisch nicht sinnvoll oder sogar kontraproduktiv.

Bronchospasmolytika: Je länger eine Hustenerkrankung besteht, desto höher ist im Allgemeinen die allergische Komponente. Bei vielen allergischen Hustern liegt eine dauerhafte Engstellung der Atemwege durch Krämpfe – Spasmen – in der Muskulatur der Bronchiolen vor. Diese Engstellung bewirkt nicht nur ein subjektives Gefühl der Atemnot, welches an sich für den Patienten bereits qualvoll ist. Zusätzlich entsteht im Bereich der Bronchiolen eine Ventilwirkung, die die Alveolen in großem Ausmaß zerstören und die Lunge damit irreversibel schädigen kann. Bronchospasmolytika können dazu beitragen, diesen Zustand zu verbessern, indem sie den Krampf der Muskulatur lösen. Die verengten Bronchien weiten sich, die Luft kann wieder frei strömen und eventueller Schleim leichter abfließen. Manche Pferde sprechen auf Bronchospasmolytika aber nicht oder nur unvollständig an.

Sekretolytika: Chronische Hustenpatienten leiden oft unter zähem, festsitzendem Bronchialschleim. Sekretolytika beschleunigen dessen Verflüssigung und den Abtransport durch die Flimmerhärchen oder, wenn selbige bereits geschädigt sind, durch Abhusten. Verbleibt der Schleim hingegen in der Lunge, behindert er nicht nur die Atmung und zerstört weitere Flimmerhärchen, sondern stellt einen ständigen Nährboden für Bakterien dar. Ist der Schleim noch trocken und zäh, kann er bei einmaligem Abhorchen der Lunge mit dem Stethoskop möglicherweise nicht gehört werden. Oft wird erst nach der versuchsweisen Gabe von Sekretolytika deutlich, wieviel zäher, festsitzender Schleim in den Atemwegen vorhanden war. Manche chronischen Atemwegspatienten leiden unter einer dauernden trockenen Reizung der Atemwege. Hier wird kein Nasenausfluss beobachtet; trotzdem können auch solche Pferde auch ohne Nasenausfluss sehr krank sein.

Hyperinfusionstherapie

Eine bei chronischen Hustenpferden gelegentlich angewandte Behandlung wird umgangssprachlich als Lungenspülung oder Lungenwäsche bezeichnet. Der Ausdruck ist missverständlich, da natürlich keine Flüssigkeiten direkt in die Lunge eingeschüttet werden.

Die richtige Bezeichnung lautet Hyperinfusionstherapie und erklärt die Grundlagen besser: Dem Patienten wird in kurzer Zeit mehr Wasser über eine Vene infundiert, als die Nieren ausscheiden können. Der relative Überschuss führt zu einer Absonderung von Wasser über die Lungenschleimhaut und verflüssigt damit den vorhandenen zähen Schleim. Die Behandlung wird an mehreren aufeinander folgenden Tagen wiederholt. Danach hustet das Pferd verstärkt ab, der Atmungsapparat wird vom Schleim befreit, die Atmung erleichtert.

Die erhoffte positive Wirkung auf die chronische Hustenerkrankung kann nur dann eintreten, wenn auch tatsächlich eine hochgradige zähe Verschleimung vorlag und diese durch eine Verengung der Atemwege die Hauptursache für den Husten und die Atemstörungen bildete.

Gerade chronische Hustenpatienten sind aber überwiegend Allergiker, deren Symptome von Bronchospasmen verursacht werden und in man-

Die Lungenspülung ist kein Ersatz für die Umstellung des Pferdes auf eine staubarme Haltung. Sie kann lediglich als „Starter“ dienen, der die Heilung durch eine zügige Entfernung des Schleims anstößt und beschleunigt. Das Geld dafür ist also in einen Stallumbau besser investiert.

chen Fällen mit einer nur geringen Verschleimung einhergehen. Die Lungenspülung kann diesen Tieren dann natürlich keine deutliche Erleichterung bringen. Erschwerend kommt hinzu, dass die Symptome bei der späteren Unterbringung im alten Stall schnell wieder zurückkehren, denn die Allergene als eigentliche Ursache wurden nicht beseitigt. Wird diese Trennung von den Allergenen hingegen sofort vorgenommen, erübrigt sich die nicht ganz risikolose Infusionstherapie in den meisten Fällen ohnehin.
Ein gewisses Risiko dieser Behandlung liegt in der infusionsbedingten Steigerung des Blutdrucks, die zu Kreislaufstörungen bis zum Kollaps führen kann. Überdies sind gerade bei chronisch-allergischen Hustenpferden bereits Veränderungen im atmungsaktiven Lungengewebe zu erwarten, die durch die erstrebte Überwässerung des Gewebes leicht Anlass für schwerwiegende Atmungsstörungen geben.
Zur Minderung des Risikos wird die Flüssigkeit gelegentlich auch mit einer Sonde in den Magen anstatt über eine Kanüle in die Vene verabreicht. Dass diese Variante der Therapie ähnlich wirksam sein soll, ist physiologisch allerdings kaum zu begründen.

Desensibilisierung

Die Allergiebereitschaft eines Pferdes lässt sich unter Praxisbedingungen vor allem auf zwei Wegen ermitteln. Bei einem Hauttest werden dem Pferd kleinste Dosen isolierter Allergene, etwa einzelner Schimmelpilzarten, in die Haut injiziert. In Abhängigkeit von der Allergenität bilden sich unterschiedlich große reaktive Quaddeln in der Haut, deren Zahl und Durchmesser mehrfach gemessen wird.
Bei einem anderen Verfahren werden die vom Körper gegen die Allergene gebildeten und teilweise frei im Blut zirkulierenden Antikörper genutzt. Aus einer Blutprobe isoliert, reagieren diese mit antigen vorgefertigten und präparierten allergisierenden Stoffen.
Beide Verfahren sind praktikabel und werden auch in geringem Umfang angewendet. Der diagnostische Wert dieser Untersuchungen ist besonders bei Allergien gegen bestimmte Futtermittel, gegen Medikamente oder Schadstoffe aus Stallbaumaterialien, Reitbahneinstreu und Pflegemitteln hoch; für chronische Hustenpatienten ist er jedoch nur eingeschränkt zu sehen. Der Grund liegt in der Vielzahl der möglichen allergenen Luftinhaltsstoffe. Man kann nur auf solche Allergene testen, die bekannt und näher einzugrenzen sind.
Auch ist eine antigene Testreaktion nicht unbedingt mit der allergischen Reaktion des lebenden Tieres in Einklang zu bringen: Das Pferd kann zwar Antikörper gegen Pilzsporen bestimmter Gattungen haben, die Allergiebereitschaft gegen dieses spe-

Die Weide bietet Pferden naturgemäßes Futter und ständige Bewegungsreize – und ist ein wahrer „Naturarzt".

zielle Antigen ist aber so gering, dass die normalen Konzentrationen in der Atemluft keine gesundheitliche Beeinträchtigung bewirken.

Die folgerichtige therapeutische Entscheidung nach der Allergendiagnose ist die Desensibilisierung. Bei menschlichen Allergikern wird sie häufig eingesetzt, die Erfolge sind aber für die Lebenspraxis des Patienten insgesamt oft unbefriedigend, insbesondere in Relation zu dem erheblichen Behandlungsaufwand über Monate und Jahre: Eine vollständige Heilung oder doch deutliche Besserung erreicht nur ein Teil der Patienten, bei anderen wird nur eine geringe Reduzierung der Symptome erreicht.

Bei Pferden wurden Desensibilisierungen bereits erprobt, die Erfolge waren aber auf lange Sicht nur mittelmäßig, gemessen an dem Aufwand der Behandlung. Zunächst werden von den ermittelten Allergenen hochverdünnte Lösungen hergestellt und dem Pferd injiziert, deren Konzentration deutlich unterhalb der Allergieschwelle für diesen Stoff und diesen Patien-

ten liegen muss und daher keine Beschwerden verursacht. Dann wird die Allergenkonzentration der Injektionslösungen in kleinsten Schritten erhöht und das Immunsystem auf diese Weise durch schleichende Gewöhnung überlistet.
Am Ende steht idealerweise die völlige Verträglichkeit des ehemaligen Antigens und damit eine echte Heilung von der Allergie. Die Desensibilisierung muss über Monate, oft Jahre mit wöchentlichen Injektionen durchgeführt werden und stellt für alle Beteiligten eine Belastung dar.
So erscheint es praxisgerechter, billiger und vor allem deutlich erfolgsträchtiger im Sinne der Pferde, die Allergie durch weitgehende Ausschaltung der Allergene zu bekämpfen. Dieses ganzheitliche Prinzip der Haltungsänderung verbessert auch die Gesamtkondition des Tieres und trägt zu seinem seelischen Wohlbefinden bei.

Hilfestellung aus der Natur

Als milde natürliche Sekretolytika sind auch Hustenkräutermischungen geeignet, wenn sie über mehrere Wochen verabreicht werden und von hoher Qualität sind.
Die auf dem Markt befindlichen Fertigmischungen sind jedoch von sehr unterschiedlicher Qualität, die zu beurteilen für den Pferdehalter oft schwierig ist. In jedem Fall sollten die Kräuteranteile getrennt und in Gramm auf der Verpackung deklariert sein. So kann man die Gewichtsanteile der Einzelkomponenten erkennen. Schwere, aber billige Bestandteile wie beispielsweise die beliebten Fichtenspitzen sollten nicht als Massenfüllstoff überwiegen. Ob die getrockneten Kräuter im Naturzustand oder als pelletierte Kräutermischungen verabreicht werden, hängt in erster Linie von der geschmacklichen Akzeptanz beim Pferd ab. Auch hier sollte man allerdings das Gewichtsverhältnis zwischen Füll- und Wirkstoffen genau überprüfen.
Wer sich seine Kräutermischung selbst erstellen will, sollte die Pflanzen aus der Apotheke oder dem Kräutergroßhandel beziehen. Gut geeignet zur Lösung von zähem Bronchialschleim sind unter anderem:

Anis: Der Anissamen erhöht die Sekretion der Bronchialdrüsen und verflüssigt dadurch den zähen Schleimbelag der Atemwege.

Eibisch: Die Inhaltsstoffe der Wurzel schützen die Schleimhaut der Atmungsorgane durch eine Verbesserung der Barrierefunktion der Zellwände.

Schlüsselblume: Alle Bestandteile der Pflanze – Wurzeln, Blätter und Blüten – haben eine positive Wirkung auf die Verflüssigung des Bronchialschleims.

Spitzwegerich: Sein Kraut entkrampft die Luftwege.

Süßholzwurzel: Sie hat einen abschwellenden Effekt und erhöht den Bronchialauswurf.

Rezept für eine Kräutermischung:
125 g Anis,
500 g Eibisch,
100 g Schlüsselblume,
250 g Spitzwegerich,
250 g Süßholz.

Alle Zutaten mischen; von der Mischung erhält das Pferd einmal täglich 50 g über drei bis vier Wochen. Gemeinsam ist allen Kräutermischungen, dass man sie mehrere Wochen geben muss, um einen nennenswerten Effekt zu erzielen. Zu Beginn kann eine zeitweilige Verschlimmerung des Hustens durch massenhaft sich lösenden Schleim auftreten. Tägliches Reiten des Pferdes – sofern der Tierarzt diesem zugestimmt hat – verbessert Belüftung und Durchblutung der Lunge und unterstützt daher die Ausscheidung des Schleims.
Chronische Erkrankungen sind im Allgemeinen ein Haupteinsatzgebiet der Naturheilverfahren, beispielsweise der klassischen Homöopathie. Wie für die konventionellen Medikamente gilt aber auch hier: Die beste Therapie ist die Haltungsumstellung des Pferdes. Außerdem stellt sich ein der Behandlung des akuten Hustens sehr ähnliches Problem: Es besteht oft eiliger Handlungsbedarf. Chronisch-allergisch hustende Pferde sind meist bereits in einem asthmatischen Stadium: bei jedem Atemzug gehen viele Lungenbläschen unwiderruflich zugrunde, die Lungenfunktion verschlechtert sich kontinuierlich. Wenn eine naturheilkundliche Therapie also schnell wirkt, dann ist deren Anwendung in Ordnung. Längere Behandlungszeiträume können aber nicht abgewar-tet werden. Vielmehr muss der Patient umgehend in eine staubarme Haltung, oder es müssen vorübergehend massivste Therapien mit Bronchospasmolytika und Kortikoiden stattfinden. Dazu besteht keine Alternative, die nicht das Leben und die Verwendbarkeit des Pferdes gefährdet.

Überlebenskonzept: staubarme Haltung

Für chronisch hustende Pferde ist die tierärztliche Therapie eine wichtige Unterstützung zu Beginn der Krankheit. Der entscheidende Faktor für die dauerhafte Heilung und Gesunderhaltung des Tieres aber ist einzig und allein die verbesserte und artgerechtere Haltung im Allgemeinen – und die Vermeidung von Staub im Besonderen, vor allem natürlich dem Staub aus Heu und Stroh.

Dieser Heubefeuchter arbeitet auf Wasserdampfbasis.

Der Erfolg dieser staubarmen Haltung ist wissenschaftlich erwiesen und in der Praxis vielfach erprobt. Nur einige wenige, aber effektive Grundregeln sind dabei zu beachten:

› konsequente Nassfütterung von Heu und Futterstroh,
› strohlose Einstreu,
› Vermeidung der Haltung in geschlossenen Boxenställen,
› Luftraumtrennung der staubarm von den konventionell gehaltenen Pferden,
› konsequente Durchführung der Maßnahmen.

Im Folgenden werden diese Empfehlungen weiter ausgeführt. Sie sind in der Praxis vielfach getestet und für erfolgreich befunden worden.

Staubarme Haltung: Erfolg wissenschaftlich erwiesen

Eine staubarme Haltung ist in jeder Pferdehaltung praktisch durchführbar und reduziert die Staubbelastung für das Pferd deutlich. Wissenschaftliche Untersuchungen haben das eindeutig gezeigt.

Dazu wurden Langzeitmessungen mit tragbaren Luftfiltern am Halfter des Pferdes in direkter Nähe zu den Nüstern vorgenommen. So erfasste man den Staubgehalt der Atemluft. Die Messungen wurden unter verschiedenen Haltungsformen durchgeführt:

› In einem geschlossenen Stallgebäude bei Verfütterung von trockenem Heu und Verwendung von Stroh als Einstreu: Hier traten extrem hohe

Belastungen mit Luftstäuben auf. Der Staub enthielt zudem äußerst hohe Mengen von allergisierenden Pilzsporen sowie besonders viele Endotoxine.

› Lebte das gleiche Tier mit trockenem Heu und Stroheinstreu in einer Offenbox, war die Staubbelastung schon deutlich geringer.

› Den besten Erfolg erzielte die Haltung auf Hobelspänen in Kombination mit der Verfütterung von nassem Heu in einer offenen Box. Hier war nicht nur sehr wenig Staub in der Luft; dieser enthielt überdies die geringste Menge Pilzsporen.

Außerdem bestätigte sich in diesen Untersuchungen, dass das trockene Heu der Hauptverursacher einer Belastung mit allergisierenden Pilzsporen in der Atemluft des Pferdes ist. Aus gesundheitlichen Gründen spricht also alles für eine Vermeidung von Staub, vor allem aus Heu und Stroh. Dessen weitgehende Reduzierung ist entscheidend für das Überleben von bereits hustenkranken Pferden. Ohne diese Haltungsänderung, die den Patienten vor den Allergenen schützt, sind die betroffenen Pferde trotz tierärztlicher Therapie oder naturheilkundlicher Behandlung auf lange Sicht nicht leistungs- und meist auch nicht überlebensfähig.

Darüber hinaus hat natürlich jede auch nur teilweise Verminderung des Staubgehaltes der Atemluft sinnvolle vorbeugende Wirkung auf die Gesundheit der Atmungsorgane aller Pferde.

In diesem Heutauchwagen mit Abfluss kann ein ganzer Ballen mühelos gewässert werden.

Rettende Nassfütterung

Die Nassfütterung von Heu und Futterstroh ist die mit Abstand wichtigste und wirkungsvollste Maßnahme bei chronischen Atemwegspatienten. Außerdem lässt sie sich unter allen Bedingungen sofort beginnen.

Denn auch Heu und Stroh guter Qualität enthalten genug Sporen von

Schimmelpilzen, um empfindliche Pferde zu allergisieren und bereits sensibilisierte Tiere bei jedem Kontakt erneut schwer erkranken zu lassen. Diese Sporen entwickeln sich während der Reifungsphase des Heus in den ersten beiden Monaten nach der Ernte. Hier entstehen Wärme und Feuchtigkeit, die besten Voraussetzungen für das Wachstum von Pilzen. Eine solche Reifungsphase läuft beim Stroh kaum ab, daher enthält Stroh zwar nicht so viele Sporen und vor allem andere Sorten, aber es stellt trotzdem eine Gefahr dar. Auch Futterstroh sollte bei empfindlichen Pferden nur nass verfüttert werden.

Gut zu wissen

Kaum Nährstoffverluste beim Nassheu

Der beim Tauchen von Heu entstehende Nährstoffverlust ist unbedeutend. Er wird etwas höher, wenn die Portion mehrere Stunden im Tauchwasser liegt, ist aber auch dann unbedeutend im Vergleich zu der Gefahr, die mit dem Heustaub verbunden ist. Ausgewaschen werden im Übrigen hauptsächlich Vitamine und Mineralien, mit denen die meisten der heutigen Pferde ohnehin gut versorgt sind. Ein Salzzusatz im Tauchwasser kann den Nährstoffverlust verringern.

Technik des Wässerns: Heu und Stroh müssen mehrere Minuten vollständig unter Wasser getaucht werden. Das bloße Übergießen mit Wasser aus der Gießkanne oder dem Schlauch reicht bei den meisten Patienten nicht aus. In jedem Fall muss die Benetzung aller Halme gewährleistet sein. Bei losem Heu genügen daher meist wenige Minuten. Wässert man einen ganzen, womöglich noch geschlossenen Heuballen, kann man in der Praxis etwa 15 bis 30 Minuten veranschlagen. Mit nennenswerten Nährstoffverlusten ist durch das Wässern nicht zu rechnen.

Am Anfang ist es erstaunlich, wieviel Schmutz nach dem Heutauchen im Wasser bleibt. Der Sinn des Tauchens liegt aber nicht im Waschen des Heus, also in der Entfernung der Sporen und des sonstigen Staubes, sondern in deren Bindung. Verhindert werden soll die Inhalation der Sporen. Im Magen richten sie in den geringen Mengen, die in gutem Heu zu erwarten sind, keine Schäden an.

Die Verfütterung von nassem Heu und Stroh stellt eine sehr effektive Möglichkeit zur Staubreduktion dar. Sie ist überdies preisgünstig und mit vertretbarem Energieaufwand durchführbar sowie bei korrekter Vorgehensweise gesundheitlich und hygienisch unbedenklich. Außerdem kann sie die Verdauungstätigkeit positiv beeinflussen und Verstopfungskoliken vorbeugen. Gegen nass verfüttertes Stroh haben viele Pferde zunächst eine Abneigung. Sie gewöhnen sich aber nach einiger Zeit daran, wenn man ihnen keine Alternative lässt.

Anwendung von Kochsalz: Die gelegentlich gegebene Empfehlung, das Tauchwasser mit Kochsalz zu versetzen, hat keine Wirkung auf die Schimmelpilzsporen. Das Wasser wird auf diese Weise aber haltbarer, da Salz den mikrobiellen Verderb bremst. So kann das Tauchwasser häufiger benutzt werden und gefriert im winterlichen Offenstall nicht so schnell.

Verdaulichkeit von Nassfutter: Gesundheitlich ist das Verfüttern von nassem Heu oder Stroh unbedenklich. Bei der Fütterung in Offenställen kann sehr strenger Frost Probleme bereiten. Bereift das Material lediglich, sind keine Schadwirkungen zu erwarten, wenn die Pferde an diese Art der Fütterung gewöhnt sind. Es sei daran erinnert, dass auch überjähriges Altgras auf der Winterweide gefroren ist. Im Vergleich zum Abweiden von Altgras erfolgt die Heuaufnahme jedoch recht schnell, sodass Vorsicht geboten ist, wenn das Futter bei extremem Frost glasig gefroren ist. Dann hilft nur sehr sorgfältiges Abtropfen und ein Ansäuern des Tauchwassers mit Obstessig oder eine leichte Salzbeigabe, um den Gefrierpunkt zu erniedrigen. Außerdem taucht man dann geringere Mengen auf Vorrat. In den wenigen geographischen Lagen mit regelmäßigen harten Frostperioden sollte man daher für die Kernzeit des Winters vorbeugend Trockengrasprodukte einplanen. Eine plötzliche Umstellung von Nassheu auf Trockengras von einem Tag auf den nächsten ohne Gewöhnungsphase führt jedoch leicht zu ernsthaften Verdauungsproblemen und ist daher zu vermeiden.

Die Akzeptanz des nassen Futters ist sehr unterschiedlich. Einige Pferde

Gut zu wissen

Nasses Krippenfutter

Hafer, Pellets, Kleie und anderes staubhaltiges Krippenfutter sollte Hustenpferden ebenfalls nicht trocken gereicht werden. Qualitativ hochwertiges Futter enthält zwar in der Regel keine Pilzsporen; auch ist die Kontaktzeit zu diesen Futtermitteln nur sehr kurz – verglichen mit der langen Raufutteraufnahme. Trotzdem können die Stäube einen zusätzlichen Reiz setzen. Der lässt sich durch Anfeuchten mit Wasser leicht vermeiden.

Rundballen im Freien zu lagern leistet der Verpilzung und damit der Schädlichkeit für die Pferde Vorschub.

sind davon sehr angetan. Andere benötigen – besonders bei nassem Stroh – einige Tage Gewöhnung, in denen sie zeitweise nur wenig fressen. Dies sollte der Pferdehalter im Sinne der Lungengesundheit aber ignorieren.

Futterplatzgestaltung: Wichtig ist die Präparation des Futterplatzes. Wenn man nicht auf befestigtem Boden füttert, sollte die Futtergelegenheit aus Stein oder Beton gefertigt sein und eine tägliche Entfernung der nassen Reste erlauben. Diese hygienische Maßnahme ist sehr wichtig, denn sonst bildet sich erneut Schimmel. Überdies trocknet das Heu nach einiger Zeit und staubt dann möglicherweise wieder. Besonders im Sommer kann nasses Heu oder Stroh schnell faulen und Verdauungsstörungen hervorrufen.

Technische Hilfen: Zum Tauchen kleinerer Heu- und Strohmengen reichen beliebige Gefäße mit genügendem Volumen aus. Das Wasser kann in Abhängigkeit vom Verschmutzungsgrad mehrfach benutzt werden, darf aber nicht faulig riechen. Im Sommer ist der Wasserwechsel temperaturbedingt häufiger erforderlich. Taucht man die Futtermittel in einem Heunetz, so kann dieses zum Abtropfen noch einige Minuten über das Tauchgefäß gehängt werden. Tauch- und

Abtropfwasser sollte nicht zum Tränken benutzt werden.
Größere Heumengen taucht man mit Vorteil im ganzen, nicht aufgeschnittenen Ballen. Eine Hebelmechanik kann die Handhabung des schweren vollgesogenen Ballens erleichtern. Auch diesen lässt man gründlich abtropfen und danach am günstigsten gleich in eine Schubkarre fallen. Kommerzielle Systeme auf Rädern von verschiedenen Firmen sind eine Kombination aus Tauchbecken und Schubkarre und erlauben entweder ein Ablassen des Tauchwassers durch einen bodenseitigen Ausguss oder das Abtropfen auf seitlichen Rosten. Der abgetrocknete Ballen kann dann zu den Pferden gefahren werden.
Andere Hersteller bieten eine Dampfbefeuchtung an. Diese ist zwar teuer und energieaufwendig, aber auch sehr wirkungsvoll. Das feucht-warme Heu duftet aromatisch und wird von den Pferden gut akzeptiert.

Alternativen zum Heu

Alternativen zur Heufütterung sind durchaus vorhanden. Unter den jeweiligen Gegebenheiten sollte man die einfachste und kostengünstigste Lösung herausfinden. Grundsätzlich müssen die Ersatzstoffe jedoch in die Gesamtration des jeweiligen Pferdes integriert sein. Es empfiehlt sich daher, die Zuteilung anhand von Futterwerttabellen exakt zu errechnen und nicht nur abzuschätzen. Stehen Pferde täglich nur wenige Stunden auf der Weide, wird Heu automatisch zum wichtigsten Raufutter in der Ration. In dieser Funktion sollte es durch die vorgestellten alternativen Futtermittel nie völlig ersetzt werden.

Trockengrün: Der Handel bietet verschiedene Trockengrasprodukte an. Im Gegensatz zur Heureifung findet hier fast keine Fermentation statt, und die Oberfläche für Pilzbesatz ist durch die Pressform sehr viel kleiner als bei Heu. Daher ist der Gehalt an allergisierenden Schimmelpilzsporen praktisch gleich Null. Auch die allgemeine Staubentwicklung bleibt sehr gering, wobei allerdings lange Transportwege und häufiges Umladen für Abriebstaub sorgen können. Die meisten Pferde fressen das Trockengrün nach einiger Gewöhnung gern. Ein weiterer Vorteil liegt in dem geringen Lagervolumen pro Gewichtseinheit. Vorteilhaft ist neben der Staubarmut auch die gleichbleibende, vom Erntewetter unabhängige Qualität. Auf dem Markt befinden sich vor allem Graspellets, Alfalfapellets (besonders schnellwüchsiges Gras) und gelegentlich auch Luzernegrünmehlpellets. Bei den Letztgenannten ist Vorsicht geboten, da diese Pellets, wie es der Name bereits sagt, aus Luzerneklee gewonnen werden, einen höheren Eiweißgehalt haben und daher nur in entsprechend geringen Mengen gefüttert werden können.

Ideal sind möglichst große Pellets oder Briketts, also mit einem Durchmesser von wenigstens 5–8 cm bei runden bzw. einer Kantenlänge von 8 × 3 cm bei rechteckigen Formen. So ist gewährleistet, dass die Pferde langsam und sorgfältig kauen. Kleine Pellets können bei hastiger Aufnahme Schlundverstopfungen und Verdauungsstörungen durch mangelhaftes Einspeicheln bewirken. Zumindest in der Gewöhnungsphase sollten sie in Wasser eingeweicht werden. Generell ist die Umstellung auf Trockengrün, wie jede andere Futterumstellung, vorsichtig und langsam vorzunehmen. Je kleiner die Pellets und je länger die Transportwege, umso stärker ist der Abrieb und damit der unspezifische Staub.

Der Nachteil der Trockengrasprodukte liegt darin, dass sie von den Pferden schneller gefressen werden als die gleiche Gewichtsmenge an Heu. Die Tiere erhalten zwar genug Energie, Eiweiß und rein rechnerisch auch genug Rohfaser, sind aber nicht so lange beschäftigt. In der Praxis kann dieser zeitliche Unterschied erheblich sein. Zur Ergänzung ist dann unbedingt noch eine Mindestmenge an nassem Heu oder nassem Stroh erforderlich: Ungefähr $^1/_3$ der Raufuttermenge sollte noch aus diesen Komponenten stammen. Während man nasses Heu und Stroh bei arbeitssparender Haltung auch zur freien Verfügung anbieten kann, muss Trockengrün wie Kraftfutter zugeteilt werden. Der Tagesbedarf ist bei voller Raufutterdeckung aus Trockengrün unbedingt auf mindestens drei Einzelportionen zu verteilen.

Grassilage: Eine weitere Alternative ist die Verfütterung von Grassilage.

Gut zu wissen

Silage – geringes Risiko

Eine sorgfältig hergestellte Anwelksilage ist nicht nur frei von Staub, sondern durch die Milchsäuregärung auch ein fast steriles Futtermittel und kann Pferden unbedenklich gegeben werden. Durch Fehler in der Siliertechnik, versehentliche Verunreinigung des zu silierenden Materials und späteren unerkannten Sauerstoffzutritt können jedoch auch unerwünschte Mikroorganismen wachsen. Neben Schimmel- und Hefepilzen können sich gefährliche Bakterien, vornehmlich Listerien und Clostridien, entwickeln und bei den Pferden Krankheiten und schwere Allgemeinstörungen hervorrufen. Trotz dieser Risiken ist Grassilage wegen ihrer Vorteile ein gutes Futtermittel für Pferde.

Grassilage ist durch Milchsäurebildung unter Luftabschluss konserviertes Grünfutter. Dieser Vorgang ist der Herstellung von Sauerkraut vergleichbar. Silage wird in Beton- oder Metallsilos eingefahren, als Miete mit Kunststoffbahnen abgedeckt oder in Großraumballen in Folie eingeschweißt. Einige Firmen bieten auch kleine Ballen speziell für Pferde an. Da Silage feucht ist, kann sie nicht stauben und ist daher sehr gut als staubfreies Raufutter für Pferde geeignet. Nach langsamer Gewöhnung wird sie von fast allen Pferden gerne gefressen. Auf den Verdauungskanal wirkt sie sich meist positiv aus. Ein weiterer Vorteil liegt in den geringeren Nährstoffverlusten durch im Vergleich zur Heu- oder Grünpelletgewinnung schonendere Herstellung. Eine gut durchgesäuerte Silage ist auch frei von Parasitenstadien, die möglicherweise bei der Gewinnung von Pferdeweiden noch im Gras vorhanden waren. Die eingesetzten Mengen liegen gewichtsmäßig wegen des höheren Wassergehaltes etwas höher als bei Heu und sollten im Einzelfall korrekt errechnet werden. Qualitativ gute Silage sollte aus angewelktem Gras hergestellt sein.

Heulage: Sie ist nicht nass, sondern gerade noch klamm, duftet aromatisch und ist locker. Ein muffiger, fauliger Geruch, verfilzte oder gar verpilzte Stellen sowie zu hoher Wassergehalt machen sie für Pferde ungeeignet.

Grassilage und Heulage können nach langsamer Gewöhnung wie Heu zur freien Verfügung angeboten werden. Das Problem für den Einzelpferdehalter liegt bei Silagen in den Mengen: Um die Gärung zu ermöglichen, muss Silage sauerstoffarm gelagert und stark verdichtet werden. Nach dem Öffnen der Ballen bzw. an der Schnittfläche der Silos verdirbt die Silage durch Luftzutritt und muss daher unbedingt in wenigen Tagen verfüttert werden, besonders bei milden Außentemperaturen. Bei den in der Landwirtschaft üblichen Dimensionen bedeutet dies, dass pro Tag etwa 100 bis 300 kg zu verfüttern sind. Solche Mengen werden nur bei größeren Pferdebeständen verbraucht oder wenn noch andere Nutztiere versorgt werden müssen. Als Lösung für dieses Problem bietet der Handel speziell für Pferde unter verschiedenen Bezeichnungen folienverschweißte Silage in Kleinportionen (10–15 kg) an. Das Qualitätsniveau dieser Produkte ist sehr hoch, der Preis und das Verpackungsmüllaufkommen allerdings auch.

Manche Pferde reagieren mit Durchfall und Koliken auf den 100%-igen Heuersatz durch Silage. Dann kann es wahre Wunder wirken, wenn man täglich ungefähr $^1/_3$ des Raufutters wieder in Form von nassem Heu zuführt.

Weidegras: Dieses ist das natürlichste Pferdefutter. Auf der Weide ist das Pferd von Staub unbelastet, hat frische Luft und ist beschäftigt. Speziell Hustenpferde sollten möglichst oft auf die Weide kommen. Bei chronischen Hustenpferden kann eine mehrmonatige sommerliche Weidepause sehr hilfreich sein. Zugleich hat sie diagnostischen Wert: Heilt der Husten bei vollständiger Abwesenheit von Heu und Stroh aus, ist die allergische Herkunft gesichert und kann bei der zukünftigen Haltung mit Erfolg berücksichtigt werden. Dass Weidegras ein recht einseitig zusammengesetztes Futter ist und die Pferde möglicherweise an Kondition verlieren sowie an Grasbauch gewinnen, ist für solche Patienten von zweitrangiger Bedeutung.

Stroh: Stroh stellt keinen Ersatz für Heu dar. Zwar sind beide Stoffe wichtige Träger von Struktur- und Ballaststoffen; der Gehalt an Proteinen und verdaulicher Energie ist jedoch sehr verschieden. So kann Stroh zwar als Rohfaserlieferant und bescheidener Energiespender eingesetzt, muss aber durch andere Futtermittel ergänzt werden. Auch empfiehlt es sich nicht, den Rohfaserbedarf für ein Pferd ausschließlich aus Stroh zu decken, da dann verstärkt mit Verstopfungskoliken zu rechnen ist. Mehr als 50 % bis 70 % des täglichen Raufutterbedarfs sollten nicht aus Futterstroh stammen; der Rest muss mit Heu abgedeckt werden. Futterstroh muss für den chronischen Huster nass verabreicht werden.

Keine Stroheinstreu!

Auch qualitativ gutes Stroh kann genug Pilzsporen enthalten, um Allergiker schwer erkranken zu lassen. Daher wird man in den meisten Fällen auf alternative Einstreu zurückgreifen müssen. Unabhängig vom verwendeten Material muss jede Einstreu sehr sauber gehalten werden. Auch eine

Gut zu wissen

Raufutter ist lebenswichtig

Wenn Pferde nicht mehr auf Stroh stehen, können sie ihren Raufutterbedarf nicht mehr aus der Streu ergänzen. Es ist daher sehr wichtig, dass diese Tiere eine pferdegerechte Menge an Raufutter vorgelegt bekommen: Nasses Heu und Stroh müssen täglich mindestens in einer Menge von 1,5 kg (gewogen vor dem Wässern!) je 100 kg Körpergewicht des Pferdes angeboten werden. Raufuttermangel bedeutet Schmerzen für ein Pferd; er fördert zudem das Auftreten von Koliken und Magengeschwüren!

Leinstroh ist eine relativ staubarme Alternative zur Stroheinstreu.

gut gepflegte Matratzeneinstreu bleibt ein Misthaufen im Stall und ist daher abzulehnen.

Hobelspäne: Hobelspäne setzen in geringeren Mengen auch Staub frei; der Staub ist aber anders zusammengesetzt als derjenige aus Stroh. Untersuchungen haben gezeigt, dass er keine Schimmelpilzsporen enthält und daher praktisch nicht allergen ist. Kommerzielle Hobelspäne bestehen aus unbehandelten Weichhölzern und werden in gepressten Ballen angeliefert. Die Saugkraft ist hoch, es wird daher wenig Ammoniak aus der Einstreu freigesetzt. Auch das wirkt sich günstig auf die Luftqualität aus. Kommerzielle Hobelspaneinstreu ist vergleichsweise teuer, wegen ihrer hohen Urinbindekapazität und der leichten Herausnahme des Pferdekotes aber sparsam im Verbrauch. Wer sich selbst Hobelspäne oder Sägemehl besorgt, sollte diese aus einem Sägewerk beziehen. Dort ist das Holz noch feucht, sodass die Späne nicht staubig sind. Feines Sägemehl von abgelagertem Holz aus Schreinereien oder großen Möbelwerken ist aufgrund des erhöhten Staubgehaltes und möglicher chemischer Beimengungen ungeeignet.
Erhalten Pferde zu wenig Heu und Stroh, werden sie in Einzelfällen aus Langeweile und Hunger von der Einstreu fressen. Sehr kleine Mengen schaden nicht, bei größerer Aufnahme ist mit Verdauungsstörungen bis hin zu Koliken zu rechnen.

Vor den Druckerfarben aus der Papiereinstreu muss man keine Angst haben: Sie sind nicht mit giftigen Rückständen behaftet und können daher unbesorgt im Stall verwendet sowie kompostiert und dann ins Erdreich eingebracht werden.

Papierschnitzel: In hygienischer Hinsicht optimal ist eine Einstreu aus Papierschnitzeln – denn deren Staubgehalt ist praktisch gleich Null. Papierschnitzel verrotten zudem schnell und werden von den Pferden verschmäht. So treten keine einstreubedingten Verstopfungskoliken auf. Während Papiereinstreu in England und den USA durchaus verbreitet ist, gibt es in Deutschland nur wenige Lieferanten.

Hanf: Eine Einstreu aus gefasertem Hanf ist extrem saugfähig, angenehm zu verteilen und leicht kompostierbar. Die Kosten liegen höher als bei Hobelspänen. Man sollte im Einzelfall zu Beginn ausprobieren, ob die Pferde viel von der offenbar schmackhaften Einstreu aufnehmen. Bei Offenstallhaltung und ausreichender Rohfaserversorgung ist dies aber nur selten zu erwarten.

Torf: Torf verbietet sich aus ökologischen Gründen als Einstreu. Außerdem enthält er natürliche Huminsäuren, die das Hufhorn erweichen und der Strahlfäule Vorschub leisten können.

Sand: Sand staubt bei durchschnittlichen Witterungsbedingungen kaum. Zum Liegen ist er aber im Winter sehr kalt. Für langhaarige Pferde (Isländer, Fjordpferde, Shettys) mag er dennoch akzeptabel sein.

Die geschlossene Innenbox ist Gift

Ein hochgradig und bereits lange hustendes Pferd braucht neben der Staubvermeidung auch ganz allgemein eine Atemluft sehr guter Qualität sowie ein Haltungssystem mit möglichst vielen Bewegungsanreizen – denn Bewegung durchblutet die Lunge und verlangsamt die Neubildung von zähem Bronchialschleim. Die beste Lösung für solche Patienten ist also eine Offenstallhaltung: Ein dreiseitig geschlossener Stall steht in einem großen Sandauslauf oder auf der Weide und kann vom Pferd nach Bedarf aufgesucht werden. Kombiniert man das mit Gruppenhaltung, Nassfütterung und strohloser Einstreu, kann man dem hustenkranken Pferd keine besseren Bedingungen mehr bieten.
Kommt eine gute Offenstallhaltung aus schwerwiegenden Gründen nicht in Betracht, können Reihen-Einzelboxen mit nach vorne offenen Halbtüren eine praxisgerechte und gute Alternative sein. Je mehr Stunden diese Pferde täglich ganz ins Freie kommen, beispielsweise auf die Weide oder in einen großen Sandauslauf, desto effektiver ist diese Haltung bezüglich der Atmungsluft. Besser noch sind Einzelboxen mit kleinen befestigten Paddocks im direkten Anschluss. Die Tür kann nun überwiegend offen bleiben; bei nach der Arbeit verschwitzten

Offenstallhaltung – aber richtig

Der zugige Schuppen auf einer schlammigen Weide mit ungepflegten Pferden ist keine Offenstallhaltung – sondern Tierquälerei. Korrekte Offenstallhaltung ist meist arbeitsaufwendiger und teurer als Boxenhaltung. Denn sie bedeutet mindestens: der Stall kann von jedem Pferd jederzeit beliebig lange aufgesucht werden, alle Pferde können ihr Futter in Ruhe und ohne Stress durch ranghöhere Artgenossen verzehren, ausreichend trockene Liegefläche steht für alle Tiere zur Verfügung, Zufütterung, Wasserversorgung, Insektenschutz, ein windstiller Platz zum Abtrocknen verschwitzter Pferde nach dem Reiten und eine tägliche Gesundheitskontrolle sind ganzjährig gewährleistet.

Gut zu wissen

Pferden ist sie aber auch zu verschließen. Dieser Paddock hat auch dann schon Vorteile, wenn er nur die Größe einer Box hat.

Nur eine Haltungsform ist pures Gift – nicht nur für Hustenpferde: die geschlossene Innenbox in großen Ställen. Egal wie technisch ausgeklügelt die Lüftungsanlage auch sein mag. Denn klimatisch gesunde Luft kann man einem Pferd auf diese Weise nie bieten.

Der Besitzer eines chronisch-allergischen Hustenpferdes muss sich auf Dauer also entweder von seinem geschlossenen Stall oder von seinem Pferd trennen. Keine tierärztliche Dauertherapie, keine Kräutermischung und keine Homöopathie kann sein Pferd sonst langfristig gesund erhalten.

Auch vorher jahrelang in einem festen, geschlossenen Stall gehaltene

Auch Robustpferde müssen windgeschützt abtrocknen können, wenn sie beim Reiten stark geschwitzt haben.

Gut zu wissen

Kälte ist kein Problem

Pferde kommen mit niedrigen Außentemperaturen bei trockener Witterung sehr gut zurecht. Als unangenehm empfinden sie nasskalte Witterung ohne die Möglichkeit, sich trocken unterzustellen. Im Gegenteil: Ein den schwankenden Außentemperaturen folgendes Stallklima trainiert das Immunsystem der Pferde und beugt Infektionserkrankungen vor. Außerdem bieten offene Außenboxen mit direktem Luftzutritt die besten Voraussetzungen, um chronischen Hustenerkrankungen vorzubeugen. Bei niedrigen Außentemperaturen darf das Pferd natürlich nicht nach dem Reiten verschwitzt in eine kühle Außenbox gebracht werden, sondern ist trockenzureiten oder einzudecken. Auch sollte die Umstellung aus einem geschlossenen Warmstall in eine kühle Außenbox nach Möglichkeit nicht während des Winters erfolgen.

Pferde können nach einer Eingewöhnungszeit ganzjährig im Offenstall leben.

Vorsicht ist nur geboten, wenn Pferde sehr unterschiedlicher Robustheit in einer großen Herde zusammenstehen. Dann kann es passieren, dass der Herdentrieb die Aufmerksamkeit für die eigenen Bedürfnisse übertrifft und sich auch empfindlichere Tiere mit den robusteren Artgenossen stundenlang zitternd in den winterlichen Nie-

Offene Reihenboxen bedürfen einer nur geringfügig größeren Grundfläche im Vergleich zum geschlossenen Stall – und verbessern die Bedingungen für das Pferd dennoch spürbar.

selregen stellen statt in den Offenstall. Hier muss der Pferdehalter dann korrigierend eingreifen, denn schlechte Robusthaltung ist auch Tierquälerei. Offenstallhaltung – nach Möglichkeit in der Gruppe – ist nicht nur wichtig für atemwegserkrankte Pferde, sondern befriedigt auch sonstige Bedürfnisse des Pferdes nach Bewegung, Abwechslung, geistiger Forderung und Sozialkontakten.
Es ist nicht richtig, dass Robusthaltung nur für Ponys geeignet sei, hochblütige und im Leistungssport eingesetzte Pferde aber einen festen Stall einschließlich warmer Decken und Einzelhaltung in Boxen benötigten. Erfolgreiche Distanzpferde und der Blick auf andere Länder belehren uns eines Besseren.

Jedem die eigene Luft

Diese wichtige Anforderung ist in geschlossenen Ställen mit Innenboxen ebenfalls nicht umzusetzen, denn Staub und Schimmelpilze machen an der Boxenwand oder den Gitterstäben nicht Halt. Gerade in großen konventionell angelegten Reitställen ist es daher fast unmöglich, eine staubarme Haltung durchzuführen. Von den Nachbarboxen wölkt der Staub herüber, und diese Menge reicht bei empfindlichen Pferden bereits aus, um das Hustengeschehen weiter zu erhalten. Völlig zu Unrecht wird dann dem Konzept der staubarmen Haltung unterstellt, keine Wirkung zu haben.
Nach vorne offene Einzelboxen mit Halbtüren in einfacher Reihe und überdachtem, aber im Freien angeleg-

Besser mit Decke auch bei schlechtem Wetter im Freien, als ohne im warmen, aber stickigen Stall.

Auch Heu guter Qualität enthält genug Pilzsporen, um Pferde schwer erkranken zu lassen.

tem Versorgungsgang sind in fast allen Ländern der Welt zur Haltung auch von Sportpferden verbreitet. Nicht so in Deutschland. Hier dominiert immer noch das Prinzip der doppelten Boxenreihe mit mittig gelegenem Stallgang in einem geschlossenen Gebäude. Dort lässt sich keine Box isolieren. Bei offenen Einzelboxen hingegen können die beiden seitlichen Trennwände oder Trenngitter bis zur Decke mit Holz und Folie verkleidet werden. Der Luftzutritt erfolgt dann nur durch die offene Halbtür oder wahlweise durch ein Fenster ins Freie und ist damit staubfrei.

Konsequenz ist grundlegend

Die konsequente Durchführung aller Maßnahmen ist sehr wichtig. Nur dann kann die staubarme Haltung wirken.
Erfahrungsgemäß werden in diesem Zusammenhang die Gefahren aus dem Stroh besonders häufig unterschätzt. Wenngleich es einige Hustenpferde gibt, die Stroh gut vertragen und schon durch eine Nassfütterung des Heus gute Besserung zeigen, so reagieren die meisten Pferde doch bereits auch auf den geringen Sporenanteil im Stroh.
Staub muss konsequent gemieden werden, auch unterwegs, auf Wanderritten, Turnieren und bei der zeitweiligen Versorgung der Pferde durch fremde Helfer. Eine einzige Fütterung mit trockenem Heu, etwa bei Zeitmangel, kann die Erfolge von Wochen zunichte machen. Zu Beginn ist Vorsicht auch bei extrem staubigen Reithallen und Reitplätzen geboten. Dieser Staub ist zwar anders zusammengesetzt, kann aber in großer Menge trotzdem Hustenreiz auslösen.
Einige Pferde sprechen spontan bereits nach wenigen Tagen mit deutlich vermindertem Husten auf die Haltungsänderung an. Manche jedoch brauchen eine längere Anlaufphase.

Dann darf man nicht die Geduld verlieren. Der krankhafte Zustand des Patienten hat sich über lange Zeit entwickelt. Also wird er sich auch nur langsam zurückbilden.
Die schnellste und beste Wirkung erreicht man bei gleichzeitiger Einführung aller staubreduzierenden Maßnahmen. In der Praxis lassen sich aber oft nicht alle Punkte zeitgleich erfüllen, beispielsweise bei einer Unterbringung im Pensionsstall. Dann sollte zumindest das Heu nass verfüttert werden, um eine Teilreduktion des allergenen Staubes zu erreichen.

Gute Heilungschancen

Bei dem weitaus überwiegenden Teil der hustenden Pferde bessern sich die Symptome während der staubarmen Haltung. Bei vielen Pferden verschwinden sie ganz.
Ein kleiner Prozentsatz der Patienten wird durch diese Haltung nicht hustenfrei, bessert sich aber im Befinden so weit, dass ein lebenswertes Leben und eine eingeschränkte reiterliche Nutzung möglich sind.
Trotzdem wird es immer einige Patienten geben, die auf diese Haltung nicht oder nur geringgradig ansprechen. Der Grund ist oft eine zu späte Umstellung auf die staubarme Haltung oder deren inkonsequente Durchführung.

Auch prinzipiell erfolgreich umgestellte ehemalige Hustenpferde neigen bisweilen zu geringfügigem Husten während der Übergangsjahreszeiten Frühling und Herbst sowie an feuchtkalten Wintertagen, obwohl sie im Offenstall und streng staubarm gehalten werden. Diese Pferde können in der Regel problemlos weiter gehalten und genutzt werden. Mit der vorübergehenden Gabe von Hustenkräutern und vermehrter Bewegung kann man

Gut zu wissen

Dauernder Husten trotz Behandlung?

Husten ist in jedem Fall eine ernsthafte Erkrankung, die umgehend tierärztlich untersucht und behandelt werden muss. Gerade bei den chronischen Hustenerkrankungen kann ein dauerhafter Heilerfolg aber nur erzielt werden, wenn man die Luftverhältnisse und die Haltungsbedingungen für das Pferd durchgreifend verbessert. Ohne diese Maßnahmen kann auch eine intensive Therapie langfristig nicht erfolgreich sein. Auf diesen Umstand weisen auch Tierärzte vielfach nicht oder nicht nachdrücklich genug hin. Außerdem ist zu beachten, dass Krankheitsprozesse, die sich über einen langen Zeitraum entwickelt haben, ebenso lange Zeit zur Ausheilung benötigen.

kritische Phasen überbrücken und so auf eine medikamentöse Therapie in der Regel verzichten.

Sind Pferde an den ganzjährigen täglichen Weidegang gewöhnt, schadet auch das Fressen von gefrorenem Gras nicht – sofern die Tiere vorher eine gute Portion Heu bekommen haben.

Der Weideversuch

Der Tierarzt kann ebenso wenig wie der Reiter in das Pferd hineinsehen. Mit der zumeist tödlichen Diagnose der Dämpfigkeit sollte man daher vorsichtig sein. Die praktische Erfahrung zeigt, dass viele dieser angeblich unheilbar kranken Patienten durch eine konsequent staubarme Haltung gerettet werden konnten.

Die beste Probe auf die Wirkung der staubarmen Haltung und zugleich bei schwer erkrankten Pferden die letzte Möglichkeit vor der Tötung ist folgendes Vorgehen:
Das Tier wird zu Beginn des Sommers – nach allmählicher Gewöhnung an das Weidegras – mit Artgenossen auf eine Wiese gestellt. Außer Gras und Wasser erhält es nach Bedarf Mineralfutter und nasses Kraftfutter; Heu und Stroh werden konsequent vermieden. Der für schlechtes Wetter erforderliche Unterstand sollte nicht eingestreut werden.
Oft ist bereits nach wenigen Wochen auch bei zuvor schwer erkrankten Tieren eine deutliche Besserung der Symptome zu beobachten. Die Patienten heilen allmählich aus und können in Abhängigkeit von Kondition und Atmungsvermögen unter tierärztlichen Kontrolluntersuchungen bereits wieder bewegt werden. Wenn sie bis zum Ende der Weideperiode genesen sind, dürfen sie natürlich nicht wieder in das alte Stallmilieu zurück, denn ein Rückfall würde dann in kürzester Zeit erfolgen. Vielmehr muss das Tier von nun an bei staubarmer Haltung in einer Außenbox oder einem Offenstall leben und hat dann die besten Chancen für eine ganz normale Nutzung.
Dieser Weideversuch sollte in jedem

angeblich hoffnungslosen Fall unternommen werden, bevor das Tier abgegeben oder gar getötet wird. Es sind zahlreiche erfolgsträchtige Unternehmen dieser Art dokumentiert.

Häufige Fragen

Was ist im Reitbetrieb möglich?

Die Einrichtung einer staubarmen Haltung erfordert individuellen Gestaltungsspielraum. Sie ist daher für Einzelpferdehalter und in kleinen Beständen leicht zu realisieren. In großen Stallanlagen stellen sich hingegen immer noch Probleme. In der Regel haben viele Reiter auch keine brauchbare Alternative kurzfristig zur Verfügung. So bleiben sie notgedrungen zunächst in ihrem alten Stall und verdrängen weiterhin, dass ihr Pferd allmählich immer schlimmer hustet. Aber eine gesunde und dem chronischen Husten vorbeugende Haltung lässt sich auch in Großbetrieben einrichten.

Das in Deutschland vielerorts übliche Aufstallungssystem von zwei Boxenreihen mit mittigem Stallgang in einem geschlossenen Gebäude gibt eine mögliche Lösung bereits vor. Wären beim Bau die beiden Boxenreihen sowie davor jeweils ein ungefähr zwei Meter breiter Versorgungspfad getrennt überdacht worden, wäre kein Quadratmeter Platz mehr verbraucht worden. Die Luftverhältnisse in diesem offenen System sind ganz erheblich besser als in dem geschlossenen Großgebäude, wobei natürlich nun im

Paddockboxen können ein Kompromiss sein zwischen den eigentlichen Bedürfnissen des Pferdes und dem Wunsch des Menschen nach einer kontrollierten Haltung in Boxen.

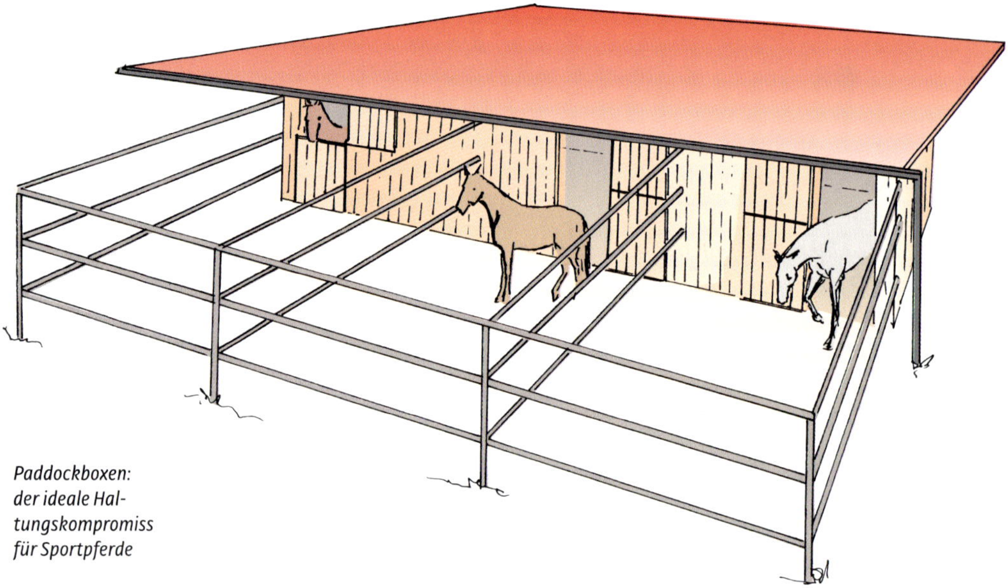

Paddockboxen: der ideale Haltungskompromiss für Sportpferde

Versorgebereich nahezu Außentemperaturen herrschen. Das ist ungemütlich für den Menschen, für das Pferd aber vorteilhaft. Das Mikroklima in der einzelnen Box lässt sich nun besser regulieren als in dem Großstall. Da die Tiere über die Halbtüren der Boxenvorderseite nicht nur viel Frischluft bekommen, sondern auch Kontakt zur Umwelt haben und ihre Artgenossen sehen, können die restlichen drei Boxenwände bis zur Decke mit Holz verkleidet werden. So kann kein Durchzug entstehen, die Luft ist dennoch gut und eine technische Belüftungsanlage wird eingespart. Bei strenger Kälte legt man Decken auf. Jetzt ist es auch leicht, einzelne Pferde mit Erfolg auf Hobelspäne und Nassheu zu stellen, denn der Luftaustausch besteht nur zur sauberen Außenluft, nicht aber zu den Nachbarboxen.

Eine weitere Verbesserung gegenüber dem doppelreihigen Boxenstall bietet ein an der dem mittigen Versorgungsgang abgewandten Seite angelegter kleiner Paddock. Der Paddock wird stabil eingezäunt, das Pferd wählt seinen Aufenthaltsort bei offener Boxentür selbst. Nach dem Reiten kann das verschwitzte Pferd aber auch wahlweise bis zum nächsten Morgen in der Box eingesperrt werden. So lässt sich Zugluft im Winter durch Schließen der Halbtür zum Versorgungsgang leicht beheben.

Gut zu wissen

Kälterisiken durch Scheren?

Grundsätzlich wird das fehlende Fell durch Eindecken ersetzt und daher der Kälteeinwirkung vorgebeugt. Diese Lösung wirkt aber nicht so zielgenau wie die natürliche körpereigene Wärmeregulation des Pferdes, zu der auch das natürliche Fell gehört. Das Risiko für Verkühlungen ist daher größer. Werden langhaarige Pferde hingegen im Winter täglich intensiv und schweißtreibend gearbeitet, so ist die Erkältungsgefahr durch ein langsam trocknendes Fell größer. Dann kann die Schur das Risiko verringern.

Auch die noch bessere Gruppenhaltung in größeren Ausläufen und auf der Weide wird in einigen Reitbetrieben bereits mit gutem Erfolg realisiert.

Möchte man kurzfristig und mit nur wenigen baulichen Änderungen preiswert eine Lösung schaffen, kann man Fensteröffnungen in die hintere Boxenwand einziehen, durch die die Pferde ganzjährig ihre Nase direkt in die frische Luft halten können. Aus Neugier werden sie diese Möglichkeit viele Stunden täglich wahrnehmen. Es empfiehlt sich allerdings dann, die seitlichen Trennwände der Boxen mit Holz deckenhoch zu verkleiden, um Durchzug zu verhindern, der insbesondere für nach dem Reiten verschwitzte Pferde gefährlich ist.

Einsatz als Sportpferd?

Je höher die sportlichen Anforderungen an ein Pferd sind, umso wichtiger sind gesunde und kräftige Atmungsorgane für Leistungsfähigkeit, Erfolg und Wohlbefinden des Tieres.
Gerade deshalb sollte der Haltung und insbesondere der Lufthygiene große Aufmerksamkeit gewidmet werden.
Nicht selten steht man einer luftigen Haltung in Offenboxen dennoch skeptisch gegenüber – obwohl gerade diese das Auftreten von Infektionskrankheiten und deren Folgen nachgewiesenermaßen reduziert. So erklären sich auch die positiven Erfahrungen in England, den USA und immer mehr Ställen in unseren Breiten mit einer kühleren und freieren Haltung.
Diesen Haltungsformen sind beim Leistungssport zwar Grenzen gesetzt; aber dennoch gibt es zahlreiche Kompromisse, die das Leistungsniveau nicht senken, sondern im Gegenteil sogar verbessern. Denn nur mit gesunden Atmungsorganen kann ein Pferd sportliche Leistungen bringen.
Wichtig und in jedem Fall leicht umzusetzen ist eine Reduktion der Staubbelastung der Atemluft während

einer akuten Infektionserkrankung der Atemwege. Das Heu und Futterstroh für zwei Wochen nass zu verabfolgen ist eine effektvolle Maßnahme; ebenso wie der Ersatz der Stroheinstreu durch Hobelspäne. Wenn die erkrankten Pferde Luftkontakt zu den Nachbarboxen haben – und das ist fast immer der Fall –, sollte die Maßnahme auch für die direkten Nachbarpferde ergriffen werden.

Hustenpferde reiten?

Die Frage nach der Reitbarkeit von Hustenpferden muss differenziert betrachtet werden. Bei allen akuten Infektionserkrankungen, nicht nur denjenigen der Atemwege, ist selbstverständlich keine reiterliche Nutzung möglich. Auch nach dem Ende der Fieberphase ist den Patienten genügend Zeit zur Erholung zu gewähren, deren Länge vom Tierarzt empfohlen wird und meistens mindestens zwei Wochen beträgt.

Die Beurteilung der Reitbarkeit chronischer Huster ist schwer und auch nach intensiver tierärztlicher Untersuchung nur mit der Urteilsfähigkeit des Reiters zu bewerkstelligen. Ist der Patient schweratmig, zeigt geblähte Nüstern oder bereits in der Ruhe erhöhte Atemfrequenz, darf er zunächst keinesfalls gearbeitet werden. Diese Tiere befinden sich meist bereits im Stadium des Bronchospasmus. Die forcierte Atmung würde das Problem dann durch den Ventileffekt in den Lungenbläschen verschlimmern und zu einer Lungenblähung oder gar einer Emphysembildung führen. Hier muss zunächst durch

Chronische Hustenpferde dürfen geritten werden – aber nur nach einem Tierarztcheck und wenn sie ohne Atemnot laufen können.

massive Therapie eine Lösung des Bronchialkrampfes erfolgen. Eine Überdehnung der Lunge, wenn sie noch reversibel ist, muss sich zurückbilden. Zur Erreichung dieses Therapiezieles ist neben einer antientzündlichen und abschwellenden Behandlung auch eine Isolierung des Pferdes von allen schädigenden Luftinhaltsstoffen sehr wichtig.
Ist der Husten durch eine trockene Reizung der Atemwege bedingt, verstärkt er sich in der Bewegung meist deutlich oder entwickelt sich zu Hustenanfällen. Auch dann ist die Bewegung natürlich zu beenden.
Beim Vorhandensein großer und womöglich festsitzender Schleimmengen hingegen ist Bewegung ein wichtiger Bestandteil der Therapie, um die zähen Sekrete, unter Umständen in Kombination mit einem schleimlösenden Medikament oder einer Kräutermischung, aus der Lunge zu befördern. Für solche Pferde ist die tägliche Bewegung in allen Gangarten von großer Bedeutung. Diesen Patienten geht es oft sogar schlechter, wenn sie einige Tage nicht geritten werden.
Die Entscheidung über die Vorgehensweise kann nur nach gründlicher tierärztlicher Untersuchung erfolgen. In der Praxis ist dann vor allem bedeutsam, wie das Pferd auf die Belastung anspricht. In der Übergangsphase zur Gesundung sind besondere Vorsicht und viel Fingerspitzengefühl geboten: Wird die Atmung pumpend, der Husten anfallsartig verstärkt und die Erholung schlecht, war die Belastung zu hoch und sollte sofort abgebrochen werden. Hustet das Pferd zu Beginn einige wenige Male, schnaubt dann ab, geht freudig und kraftvoll und erholt sich in der Atemfrequenz schnell, so wurde das rechte Maß getroffen. Bei diesen Pferden lösen sich während des Reitens oft erhebliche Schleimmengen, bedingt durch die Beatmung der Lunge bis in die Spitzen und die hormonelle und nervale Umstellung während der körperlichen Anforderung. Abgerundet wird das positive Bild durch eine tägliche Verringerung der Hustenstöße bei steigender Kondition.
Hustenpferde sollten möglichst über lange Strecken in ruhigem bis mittlerem Tempo bewegt werden. Gefährlich und unsinnig sind alle Spitzenbelastungen wie schnelle Galoppaden oder forcierter Trab bergauf.

Husten trotz Offenstall?

Auch ganzjährig im Offenstall lebende Pferde können schwere chronische Atemwegserkrankungen haben. Denn die Schimmelpilzsporen aus Heu und Stroh sind mikroskopisch klein. Sie entfalten bei sensiblen Pferden schon in geringsten Mengen eine allergische Wirkung. Es wurden Weidepferde beobachtet, die durch eine Zufütterung von Heu oder Stroh, welche im Freien in kleiner Menge und dünner

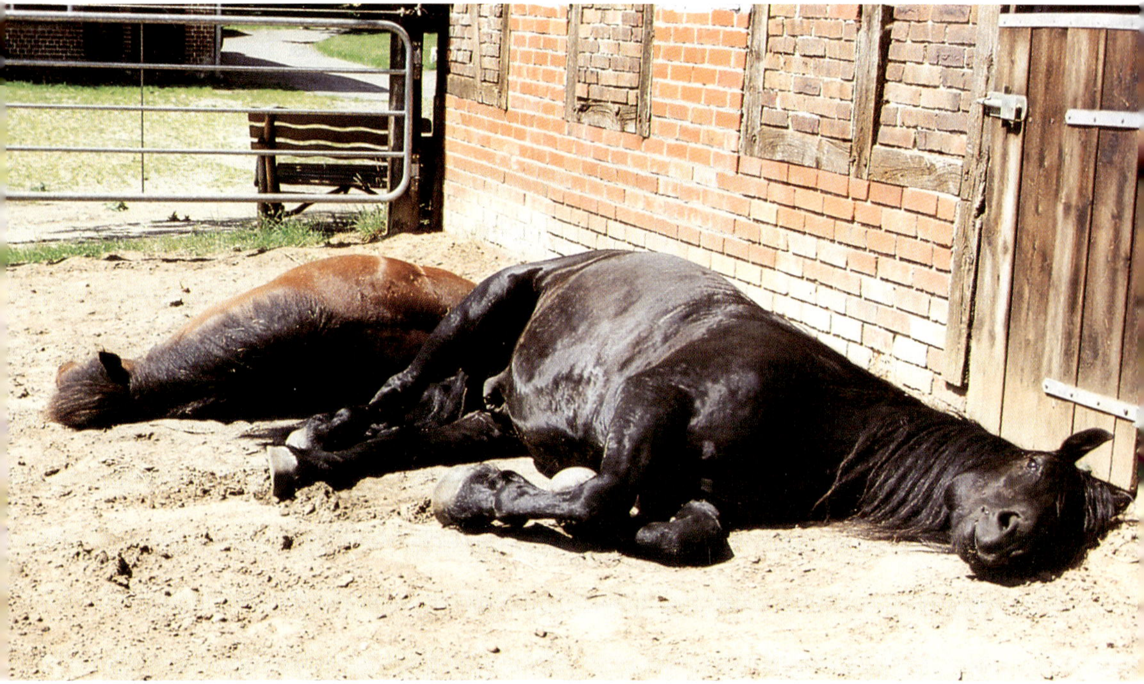

Das soziale Leben im Offenstall ist für Pferde die artgerechte Haltungsform – sofern die Gruppenzusammensetzung nicht zu oft wechselt.

Schicht auf dem Erdboden erfolgte, an schweren und eindeutig allergischen Hustenformen erkrankten. In solchen Situationen gibt es grundsätzlich zwei Möglichkeiten, die in Abhängigkeit von den räumlichen Gegebenheiten anzuwenden sind:

› Der Allergiker wird in einem besonderen Paddock mit überdachtem Liegebereich mit nassem Heu oder entsprechenden staubfreien Alternativen gefüttert.

› Möglicherweise ist es aber dann doch unkomplizierter, gleich die ganze Gruppe entsprechend zu füttern.

Wird die Ursache beseitigt, der Staub also vermieden, kann man mit einer baldigen Genesung das Pferdes rechnen.

Immer staubarm?

Wenn ein Pferd erfolgreich auf die staubarme Haltung umgestellt wurde, der Husten ausgeheilt ist und das Tier dank dieser Haltungsänderung auch wieder geritten werden kann, ist eine große Gefahr gebannt. Allergien bleiben einem Lebewesen jedoch immer erhalten. Kehrt man also zu der alten Haltung zurück, wird sich auch der Husten wieder einstellen. Der Besitzer

des Pferdes hat daher auch eine große Verantwortung bei einem eventuellen Verkauf. Stellt es der neue Eigentümer in einen konventionellen Reitstall, besteht erneut höchste Gefahr für das Tier.
Staubarme Haltung bedeutet immer einen zeitlichen Mehraufwand und meist auch höhere Kosten. Entgegen den grundsätzlichen Prinzipien einer Allergie gibt es trotzdem Pferde, bei denen sich die Sensibilität gegen die Allergene im Laufe der Zeit verringert. Die Begründung liegt darin, dass sich die über lange Zeit überreizten Schleimhäute der Atemwege durch staubarme Haltung erholen und dann weniger heftig reagieren. Bei einigen Pferden kann man daher nach ausreichend langer Zeit, meist frühestens nach sechs Monaten, einige wenige Haltungsfaktoren vorsichtig ändern.
Dabei muss man aber grundsätzlich überlegt und planvoll vorgehen, sonst verliert man leicht die Übersicht und gefährdet die Gesundheit des Tieres. Grundsätzlich hält man die Logik „Vom Maximum zum Minimum" ein:

- Zunächst kann man versuchsweise wieder wenig Stroh im trockenen Zustand füttern.
- Reagiert das Pferd auch nach zwei Wochen nicht mit Husten, wird Stroh wieder als Einstreu eingesetzt.
- Bei Reihenboxen kann man jetzt ausprobieren, ob der Patient es wieder toleriert, dass die Nachbarpferde konventionell gehalten werden.

Ändern sollte man aber immer nur einen Faktor auf einmal. Dann wird die möglicherweise nachteilige Wirkung längere Zeit abgewartet. Hustet das Pferd erneut, geht man sofort wieder auf die komplett staubarme Haltung über und ändert diesen Faktor fortan nicht mehr. Hustet das Tier aber nicht, beziehungsweise hat sich das Husten nach der versehentlich fal-

Gut zu wissen

Husten trotz täglichen Weidegangs

Liegt eine Allergie gegen Staub aus Heu und Stroh vor, so genügt schon eine geringe tägliche Kontaktzeit zu diesen Allergenen, beispielsweise während der nächtlichen Aufstallung, um die Hustenreaktion dauerhaft zu unterhalten. Erst wenn das Pferd völlig und auf Dauer von den Sporen aus Heu und Stroh isoliert wird, bildet sich die Krankheit zurück. Sie tritt erneut auf, wenn ein weiterer Kontakt mit Heu oder Stroh stattfindet. Weidegang ist eine wichtige Unterstützungsmaßnahme bei chronischem Husten, entscheidend ist jedoch meist das Fernhalten des Pferdes von trockenem Heu und Stroh.

schen Änderung wieder verloren, nimmt man sich die nächste Fragestellung vor und so fort, bis man genau weiß, wieviele Sicherheitsreserven für das entsprechende Pferd erforderlich sind, um es gesund zu erhalten und doch möglichst unkompliziert zu versorgen.

Die Verfütterung von Nassheu oder einem Alternativprodukt wird man allerdings in den meisten Fällen beibehalten müssen; denn die Sporenbelastung aus Heustaub ist so hoch, dass darauf fast alle Allergiker mit Husten reagieren.

Ähnliches gilt auch für die Unterbringung: Nicht unbedingt Weide und Offenstall, wohl aber eine nach vorne offene Einzelbox wird immer erforderlich bleiben. Kehrt das Pferd in die Luft einer geschlossenen Großstallanlage zurück, wird es mit hoher Wahrscheinlichkeit erneut zu husten beginnen.

Hustenpferde impfen?

Bei einer akuten Atemwegserkrankung mit Fieber und anschließend für ungefähr zwei Wochen kann das Pferd nicht geimpft werden. Im Einzelfall beurteilt der Tierarzt die erforderliche Wartezeit. Sind Hustenerkrankungen in das chronische Stadium übergegangen, muss man nach dem Allgemeinbefinden des Pferdes differenzieren: Wenn die Symptome geringgradig ausgebildet sind und das Pferd insgesamt keinen geschwächten Eindruck macht, ist eine Impfung möglich und in manchen Fällen auch sinnvoll, denn bei hohem Infektionsrisiko wäre eine zusätzlich zum chronischen Husten auftretende neue Viruserkrankung ungünstig.

Bei chronischen Hustenpatienten mit stärkeren Symptomen ist diese Frage nur anhand der individuellen tierärztlichen Diagnose zu beantworten.

Gut zu wissen

Impfung schützt nicht immer!

Impfungen schützen vor ganz speziellen Infektionen, beispielsweise mit Herpesviren und Influenzaviren. Der Schutz besteht aber nur gegen diese Krankheitserreger. Darüber hinaus gibt es viele weitere Verursacher von Atemwegskrankheiten bei Pferden, gegen die nicht geimpft werden kann. Diese können natürlich trotzdem zu Erkrankungen führen. Impfungen entfalten ihre volle Wirkung auch nur dann, wenn die Abstände für die Auffrischungsimpfungen genau eingehalten werden. Sonst geht der Schutz wieder verloren. Auch sollten alle Pferde eines Bestandes geimpft sein, am besten sogar mit dem gleichen Impfstoff und im selben Rhythmus.

Allergien bei Pferden

Wenn das Immunsystem verrückt spielt

Das Immunsystem des Körpers soll Bakterien, Viren und andere Schädlinge bekämpfen – sonst würden Pferd und Mensch in kürzester Zeit sterben. Aus nicht genau geklärten Gründen kann sich die aggressive Arbeit des Immunsystems aber auch gegen harmlose Stoffe aus der Umwelt richten: Blütenpollen, Heustaub, Reitbahneinstreu und Medikamente lösen dann eine sinnlos heftige und überschießende Abwehrreaktion aus. Diese macht das Pferd krank. Eine Allergie ist entstanden.

Vier Allergietypen – und die Veranlagung des Pferdes

Die eine Allergie auslösenden Stoffe werden Allergene genannt. Sie haben eine unterschiedliche Wirkung auf den Körper. Das hängt auch von ihrem

Eine naturnahe Aufzucht gehört zu den Voraussetzungen für ein psychisch und physisch gesundes Pferdeleben.

Kontaktgewebe ab: Auf der Atemwegsschleimhaut des Pferdes läuft die allergene Reaktion gegen Blütenpollen anders ab als beispielsweise im Blut gegen fremde Blutkörperchen bei einer Transfusion.
Wissenschaftler unterscheiden vier verschiedene Typen der Allergie. Diese Differenzierung ist für den Pferdehalter unerheblich. Praxisrelevant sind nur zwei Eigenschaften: Die Geschwindigkeit der allergischen Reaktion reicht vom dramatisch schnell ablaufenden anaphylaktischen Schock beim Nesselfieber oder dem Arzneimittelkollaps bis zur langsam einsetzenden Kontaktallergie auf Pflegemittel.
Das Spektrum der Folgen erstreckt sich von harmlosen Hautrötungen über chronische Atemwegserkrankungen bis zum plötzlichen Todesfall innerhalb weniger Minuten.
Gesichert erscheint derzeit die genetische Veranlagung für eine höhere Allergiebereitschaft einzelner Individuen. Damit diese Pferde später tatsächlich Allergien gegen bestimmte Stoffe aus ihrer Umgebung entwickeln, müssen aber offenbar immunrelevante Ereignisse auftreten.
Allergische Pferdetypen werden im Laufe ihres Lebens mit hoher Wahrscheinlichkeit mehrere Allergien parallel entwickeln. Das lässt sich aber auch in gewissem Maße verhindern, indem man die Lebewesen möglichst wenig mit solchen Stoffen in Kontakt kommen lässt, von denen eine generelle Allergisierungstendenz bekannt ist.

Was Pferde juckt: typische Allergene

Jedes Material aus der Umwelt des Pferdes kann zum Allergen werden. Dann bekämpft das Immunsystem es mit großer Energie. Diese Abwehrreaktion löst Krankheitssymptome aus – obwohl das Allergen an sich völlig ungefährlich für den Körper wäre. Bestimmte Stoffe lösen häufig Allergien aus. Zwei Faktoren scheinen für dieses erhöhte Risiko verantwortlich zu sein:

- Eiweißstrukturen reizen das Immunsystem in besonderem Maße; vermutlich wegen ihres natürlichen Vorkommens in den für den Körper tatsächlich gefährlichen Bakterien und Viren.
- Aggressive chemische Verbindungen haben offenbar ebenfalls eine durchschlagende Wirkung auf die Körperabwehr und können leicht zu überschießenden Reaktionen führen.

Das mit Abstand wichtigste Allergen für Pferde sind die Sporen von Schimmelpilzen. Heu und in geringerem Maße auch Stroh sind immer in gewissem Umfang von Schimmelpilzen befallen. Die treten sogar in qualitativ guten Futtermitteln auf und können schon in kleinster Menge einen

dauerhaften allergischen Husten auslösen und unterhalten.
Ein weiteres Bio-Allergen setzt den Pferden häufig zu: Der Speichel von stechenden Insekten kann bei allen Rassen das Sommerekzem auslösen. Das besonders häufige Vorkommen dieser Krankheit bei Islandpferden zeigt die Bedeutung einer zusätzlichen genetischen Empfänglichkeit für bestimmte Allergene. Auch plötzliche Hautquaddeln am ganzen Körper können durch stechende Insekten ausgelöst werden – allerdings auch durch chemische Reizstoffe in Pflegemitteln.
Ebenfalls typisch für solche durch naturfremde Stoffe ausgelöste Allergien sind Reizerscheinungen in Form von Hautrötungen und Haarverlust. Bestimmte Arzneimittel können unter ungünstigen Umständen plötzliche allergische Reaktionen bis zum Kreislaufschock auslösen.
Auch Futter-Inhaltsstoffe können Allergien bewirken. Diese treten dann als Durchfall in Erscheinung. Sonnenallergien und Headshaking schließlich sind ein Beispiel für Allergien, die ohne jede gegenständliche Einwirkung aus der Umwelt auftreten: einfach nur durch Sonnenlicht!

Allergien erkennen

Ein Symptom-Trio ist typisch für fast jede Allergie:

- reduziertes Allgemeinbefinden,
- Störungen im Immunsystem,
- Juckreiz.

Darüber hinaus kommen weitere spezielle Organsymptome dazu. Asthmatische Beschwerden und andere Atemwegsprobleme, schwere Hautveränderungen, Haarverlust, Krustenbildung, Durchfall, ständiges Kopfschütteln und tränende Augen stellen nur eine kleine Auswahl der vielfältigen Ausdrucksformen von Allergien dar.

Während manche Symptome relativ klar einer bekannten Allergie zugeordnet werden können, sind andere leicht mit Infektionskrankheiten oder sonstigen Gesundheitsstörungen zu verwechseln.
Wie schwerwiegend eine Allergie das Wohlbefinden beeinträchtigen und die Leistungsfähigkeit senken kann, vermögen in der Regel nur solche Menschen nachzuempfinden, die selbst schon einmal daran gelitten haben. Daher gilt: Allergien sind echte Krankheiten und quälen Pferde sehr. Sie müssen daher genauso konsequent und sorgfältig behandelt werden wie andere Gesundheitsprobleme. Wer ein mit Allergien behaftetes Pferd kauft, sollte sich vergegenwärtigen: Dieses Tier wird – im Gegensatz zum gesunden Pferd – immer einen Mehraufwand in Pflege und Haltung sowie höhere Kosten verursachen.

Zwei Bestandteile von Müslifutter können ebenfalls allergen sein: Melasse und Konservierungsstoffe. Beides liegt im pelletierten Kraftfutter hoher Qualität nicht vor – das im Übrigen in der Summe seiner Nährstoffe genauso zusammengesetzt ist wie das Müsli, das jenem nur aus menschlicher Sicht überlegen erscheint.

Allergien der Atemwege

Atmen ist eine lebenserhaltende Grundfunktion des Körpers. Zudem sind Pferde als Lauftiere und aufgrund ihrer reiterlichen Nutzung durch den Menschen in besonderem Maße auf gesunde Atmungsorgane angewiesen. Allergien der Atemwege sind daher für diese Tiere extrem gefährlich.

Chronisch-allergischer Husten

Fast alle chronischen Hustenerkrankungen bei Pferden sind allergischer Natur. In den Frühstadien werden sie von Reitern oft nicht ernst genommen – weil sie die Leistungsfähigkeit noch nicht deutlich erkennbar beeinträchtigen. Von selbst geht diese Krankheit aber trotz tierärztlicher Therapie nie mehr weg. Man muss die Allergene daher frühzeitig konsequent vermeiden. Nur so lässt sich das Pferd auf Dauer retten. Sonst wird es langfristig daran sterben.

Auslösende Faktoren: Durch das Schwitzen von Heu in der Reifephase entstehen Wärme und Feuchtigkeit – ideale Wachstumsbedingungen für Schimmelpilze. Weil Stroh keine Reifungsphase erfährt, ist die Pilzbildung unter trockenen Erntebedingungen hier nur geringfügig; aber trotzdem sind auch im Stroh immer einige Schimmelpilze zu finden. Während ihres Wachstums bilden Schimmelpilze einem Samenkorn ähnliche dauerhafte Vermehrungsformen. Sie werden Sporen genannt und sind hochgradig allergen. In den geringen Mengen, wie sie in gutem Pferdeheu vorhanden sind, lösen sie durch die Aufnahme in den Verdauungstrakt keine Probleme aus. Die Gefahr liegt in der Veratmung: Aufgrund ihrer winzigen Dimensionen geraten sie beim Heufressen des Pferdes als feinster Staub mit der Atemluft in die Lunge und von dort in die Alveolen. Hier entfalten sie ihre verheerende Wirkung.

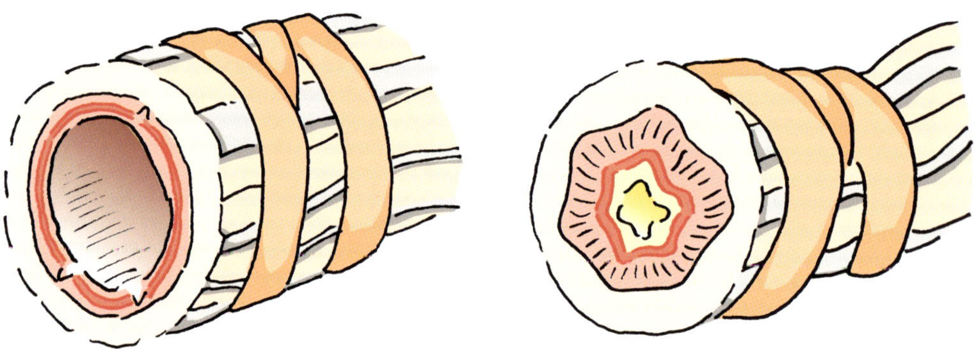

Bronchospasmus: Die Atemwege verkrampfen sich beim chronisch-allergischen Hustenpferd und bewirken so beängstigende Atemnot.

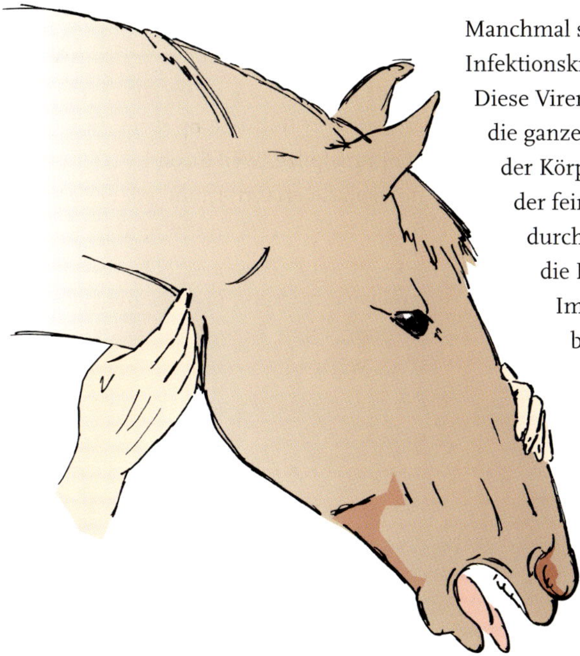

Durch Druck auf den Kehlkopf kann man den Hustenreflex auslösen. Der Klang des Hustens erlaubt Rückschlüsse auf die Krankheit.

Auch bei Heu und Stroh bester Qualität lässt sich eine gewisse Menge an Verpilzung und Sporenbildung nie vermeiden. Schon diese geringen Mengen können bei empfindlichen Pferden eine dauerhafte Allergie unterhalten. Erheblich schlimmer sind die Folgen bei stark verpilztem Heu schlechterer Qualität.

Zwei Wege der Allergisierung eines Pferdes gegen Schimmelpilzsporen sind bekannt:

Manchmal steht am Anfang eine akute Infektionskrankheit der Atemwege. Diese Viren oder Bakterien und damit die ganze Krankheit an sich kann der Körper bald überwinden. Weil der feine Pilzsporenstaub aber durch die Atemluft ständig in die Lunge gerät, setzt das Immunsystem diesen Stoff bei einigen Pferden mit den Infektionserregern gleich – und nimmt die Struktur der Pilzsporen in sein Abwehrprogramm auf. Während die Infektionserreger aber nach überwundener Krankheit aus dem Körper verschwinden, gilt dies nicht für die Pilzsporen: Diese werden bei jeder Fütterung erneut veratmet und geben dem Immunsystem permanente Entzündungsreize – die Allergie ist entstanden.

Oft ist auch gar keine initiale Infektionskrankheit erforderlich; die Pferde allergisieren sich dann spontan auf die aggressiven Pilzsporen. Fest steht aber, dass die schlechte Luft geschlossener Ställe das Risiko für eine solche Allergisierung enorm erhöht.

Krank machende Folgen: Es laufen innerhalb kurzer Zeit vielfältige und gefährliche Veränderungen an der Lunge ab. Die Schleimhaut der Bronchien und Bronchiolen schwillt an; deren Durchmesser wird dadurch kleiner. Die Atemluft kann dann nicht mehr ungehindert hindurchströmen und das Atmen fällt dem Pferd schwer. Entzündliche Sekrete werden abgesondert und engen den Durchmesser der Luftwege zusätzlich ein. Wird der Schleim zäh, zerstört er die reinigenden Flimmerhärchen der Bronchialschleimhaut und bildet außerdem einen Nährboden für Bakterien. Nach einiger Zeit reagieren die tiefen Luftwege mit einem krampfartigen Zustand durch die Kontraktion der sie umgebenden Muskelfasern und engen den für die Luftströmung erforderlichen Hohlraum stark ein. Zusätzlich entsteht ein gefährlicher Ventileffekt, denn das Pferd muss aufgrund der verengten Atemwege gegen einen erhöhten Widerstand atmen. Die Einatmungsluft wird an den durch Verkrampfung und zähen Schleim entstandenen Engpässen vorbei in die feinen Lungenbläschen – die Alveolen – hineingepresst. Weil aber für die Ausatmung ein nicht ganz so hoher Druck zur Verfügung steht, verbleibt ein geringer Teil der eingeatmeten Luft wie durch ein Ventil hinter dem Engpass in der Alveole. Bei der nächsten Einatmung gelangt weitere Luft in die Alveole hinein, die aber wieder nur unvollständig entweichen kann. So werden die Alveolen nach und nach aufgebläht, es entsteht eine Lungenüberdehnung mit erschwerter Atmung. Diesen Zustand nennt man in der Fachsprache Chronisch Obstruktive Bronchitis (COB). Unternimmt man nichts gegen diesen Zustand, reißt die Wand der überblähten Alveolen schließlich. Die zerstörten Bläschen gehen für die Atmung verloren. Es stellt sich ein Emphysem ein. Dieses Stadium ist nicht mehr reversibel. Man bezeichnet es auch als Dämpfigkeit. Äußerlich ist es erkennbar an einer hochfrequenten und erschwerten Atmung. Die Pferde machen einen ängstlichen Eindruck und sind nicht mehr ansprechbar.

› *Vgl.* Seite 34

› *Vgl.* Seite 34

Allergenvermeidung: Der entscheidende Faktor für die dauerhafte Heilung und Gesunderhaltung des Tieres ist die Vermeidung von Staub aus Heu und Stroh sowie eine generelle Verbesserung der Luftqualität in der Umgebung des Pferdes.
Eine staubarme Haltung umfasst folgende Veränderungen:

› Nassfütterung von Heu und Futterstroh,
› strohlose Einstreu,
› Vermeidung der Haltung in geschlossenen Boxenställen,
› Luftraumtrennung der staubarm von den konventionell gehaltenen Pferden,
› konsequente Durchführung der Maßnahmen.

Die Nassfütterung von Heu und Futterstroh ist die wichtigste Maßnahme bei chronischen Atemwegsallergien. Als Ersatz für Heu bieten sich Anwelksilage und Trockengraspelletprodukte an sowie das natürlichste Pferdefutter überhaupt: das Weidegras.

Auch qualitativ gutes Stroh kann gefährlich viele Pilzsporen enthalten. Es ist daher als Einstreu nicht geeignet und durch entstaubte Weichholz-Hobelspäne, Hanfstreu oder – im Sommerhalbjahr bei robusten Pferden und guter Einstreupflege – durch Sand zu ersetzen.
Heustauballergiker sind atemwegsempfindlich. Sie sollten niemals in konventionellen geschlossenen Boxenställen untergebracht sein. Die beste Lösung für diese Patienten ist eine Haltung im dreiseitig geschlossenen Stall in einem großen Sandauslauf oder auf der Weide, der vom Pferd nach Bedarf aufgesucht werden kann. Ist eine gute Offenstallhaltung nicht möglich, können Reihen-Einzelboxen mit nach vorne offenen Halbtüren eine praxisgerechte und gute Alternative sein. Je mehr Stunden diese Pferde täglich ganz ins Freie kommen, beispielsweise auf die Weide oder in einen großen Sandauslauf, desto effektiver ist diese Haltung bezüglich der Atmungsluft. Besser noch sind Einzelboxen mit kleinen befestigten Paddocks im direkten Anschluss.

Ergänzende Therapie: Die Allergenvermeidung ist der Schlüsselfaktor für die Heilung des Pferdes. Eine tierärztliche Therapie kann aber helfen, die Symptome schneller zu überwinden. Hier kommen Medikamente zum Einsatz, die die Atemwege weiten und den Bronchialkrampf lindern (Bronchospasmolytika), den zähen Schleim lösen (Sekretolytika) und – in Fällen mit bereits hochfrequenter Atmung und Atemnot – die Entzündungssymptome reduzieren (Kortikoide). Wenn sich chronische Hustenpferde nach erfolgter Umstellung auf eine staubarme Haltung allmählich erholen, können lungenwirksame Kräuter wie beispielsweise Anis, Eibisch, Schlüsselblume, Spitzwegerich und Süßholz die Regeneration der Atemwege verbessern.

› *Vgl.* Seite 23/24

Prognose: Ohne Haltungsumstellung verschlechtert sich der Zustand der Heuallergiker zusehends und mündet nach einiger Zeit in reiterliche Unbrauchbarkeit und vorzeitige Tötung wegen schwerster Atemnot. Durch Allergenvermeidung und eine sorgfältige Betreuung können diese Patienten aber nahezu vollständig gesund und in weitem Maße reiterlich normal genutzt werden.

Pollenallergie

Im Vergleich zum Heuhusten ist diese Allergie beim Pferd erheblich seltener als beispielsweise beim Menschen. Gelegentlich kommt sie aber dennoch in der Praxis vor.

Auslösende Faktoren: Einige Pferde reagieren auch auf Blütenpollen aller Art mit allergischem Husten. Meistens sind es aber nur eine oder ganz wenige Pflanzen, die allergisch wirken. Vor allem Raps und andere stark duftende Blütenpflanzen gehören dazu; Kräuter- und Gräserpollen sind seltener ein Problem. Überwiegend tritt die Krankheit daher von April bis Juni auf. Allerdings kann sie auch im Winter durch die Verfütterung von in der Blüte gemähtem Heu ausgelöst werden. Pollenallergiker sind daran zu erkennen, dass sich ihre Hustensymptomatik trotz Haltung auf der Weide ohne jeden Zugang zu Heu und Stroh nicht bessert, wohl aber in einem luftigen Stall mit sauberer Einstreu. Es ist schwierig, echte Pollenallergiker von jenen Patienten zu unterscheiden, deren Heuhusten auf der Weide erst einige Zeit zur Ausheilung benötigt.

Krank machende Folgen: Die gesundheitlichen Folgen sind denjenigen bei der Heustauballergie ganz ähnlich und laufen diesbezüglich ab wie beim menschlichen Heuschnupfen-Patienten: Dauerndes Husten, sich steigernde Atemnot bei angestrengter und hochfrequenter Atmung und später irreversible innere Veränderungen an der Lunge.

Allergenvermeidung: Eine Aufstallung während der Pollenflugphase ist unvermeidlich. Typisches Pollenwetter herrscht an warmen Tagen mit trockenem Wind. Die Belastung bleibt auch während der Nachtstunden meist hoch genug, um die Pferde weiterhin husten zu lassen. Erleichterung ist daher nur bei niedrigen Temperaturen und natürlich bei längeren Regenfällen zu erwarten; dann dürfen die Pferde wieder ins Freie.

Ergänzende Therapie: Sie ist im Wesentlichen identisch mit derjenigen für den Heustauballergiker.

Prognose: Weil sich die Belastung mit Blütenpollen für das Pferd meist auf wenige Wochen oder Monate des Jahres beschränkt, ergeben sich immer wieder Schonzeiten, in denen sich der Patient zumeist vollständig erholt. Wenn Pferde allerdings schon auf Blütenpollen allergisch reagieren, ist der Weg zur Heustauballergie oft nur kurz. Denn durch Kreuzallergien neigen solche empfindlichen Patienten oft dazu, nach einiger Zeit gegen weitere Allergene zu reagieren. Sie gehören daher während der pollenfreien Saison unbedingt in einen luftigen Offenstall. Vorsicht auch bei staubendem Heu und Stroh!

Haut- und Schleimhaut-Allergien

Entsprechend der Haut als äußerer Abgrenzung des Körpers ist die Schleimhaut eine innere Barriere. Stoffe in den Verdauungsorganen, den Nüstern oder der Lunge sind zwar im Pferd, aber noch lange nicht wirklich im Körper. So sind Haut und Schleimhaut gleichermaßen die ersten Kontaktflächen für Allergene.

Sommerekzem

Das Sommerekzem ist die bekannteste Form einer typischen Hautallergie. Schon lange beschränkt sie sich nicht mehr auf Isländer und andere nordische Pferde. Auch Warmblüter und Kaltblutpferde sind mittlerweile betroffen. Es werden zudem immer häufiger Pferde mit ekzemähnlichen Symptomen beobachtet.

Auslösende Faktoren: Als Hauptursache ist nach derzeitigem Kenntnisstand der allergisierende Speichel bestimmter Stechmücken zu sehen. Je nach Region sind dafür unterschiedliche Mücken verantwortlich zu machen. In Deutschland handelt es sich dabei vor allem um die auch als Gnitzen bezeichneten Kriebelmücken (*Culicoides*). Der Pferdeorganismus reagiert mit einer überschießenden Immunantwort auf den beim Stechen in den Körper gelangenden Speichel.

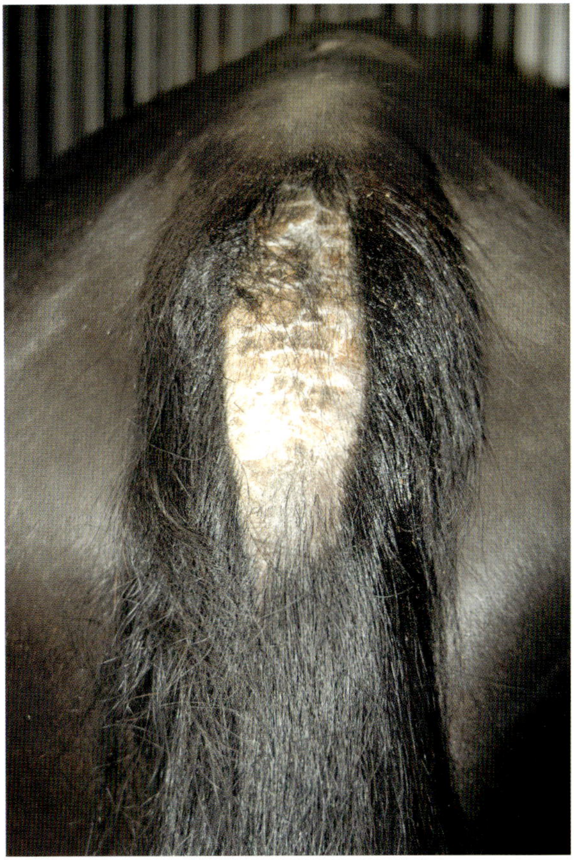

Sommerekzem bedeutet nicht nur hässliche kahle Stellen im Fell, sondern vor allem einen unerträglich quälenden Juckreiz für das Pferd.

Dennoch kommen offenbar weitere Faktoren zusammen; sie alle fördern das Auftreten des Sommerekzems:

- Futterrationen mit überhöhtem Eiweißanteil scheinen das Ekzem zu begünstigen.
- Große Mengen von frischem Gras wirken sich offenbar ebenfalls schädlich aus.
- Eine Mangelversorgung mit Zink und Kupfer verstärkt die Symptome.

› Stark übergewichtige Pferde sind häufiger von Sommerekzem betroffen.

Je ausgewogener ein Pferd gefüttert ist, desto stabiler sind seine Hautschutzfunktionen. Dann kann es auch mit den Folgen des Sommerekzems ein wenig besser fertig werden.

Krank machende Folgen: Ekzempferde leiden unter starkem Juckreiz und scheuern sich daher intensiv. Der Juckreiz beginnt in geringgradigen Fällen an Mähne und Schweifrübe. Werden keine Maßnahmen ergriffen und wird das Pferd nicht behandelt, dehnt sich das Problem auf die gesamte Hals-Rücken-Kruppen-Partie aus.
Hand in Hand mit dem Juckreiz stellt sich eine Entzündung der Haut ein. Das Fell geht verloren, und die entzündlichen Sekrete auf der Haut ermöglichen eine sekundäre bakterielle Besiedlung mit Krustenbildung und blutigen Stellen bei zunehmendem Juckreiz.
Neben diesen lokalen Symptomen muss man davon ausgehen, dass sich das Ekzempferd einfach krank und schwach fühlt. Daher muss das Problem unbedingt konsequent gelöst werden. Insbesondere der starke Juckreiz ist für die Pferde extrem quälend und muss unbedingt effektiv behandelt werden.
Sommerekzem hat nichts mit Hautparasiten zu tun. Der Begriff „Sommerräude“ ist daher falsch. Auch von Hautpilzbefall lässt es sich leicht unterscheiden, weil dieser ohne den für das Ekzem typischen Juckreiz einhergeht.

Allergenvermeidung: Erfolgreich ist man bei stark ausgeprägtem Ekzem meist nur durch ein Bündel von Maßnahmen. Die Allergenvermeidung ist dabei der wichtigste Faktor und bedeutet vor allem eine konsequente Aufstallung der Pferde während insektenreicher Sommertage. Am besten eignen sich dunkle und kühle Steinställe. In Tageszeiten geringeren Insektendrucks – und wenn die Pferde es offensichtlich vertragen können – stellen spezielle Ekzemerdecken eine Alternative zur dauernden Aufstallung dar. Mit diesen Ganzkörperdecken, die auch Hals und Bauch schützen, wird ein großer Teil der Insektenstiche verhindert. Chemische Insektenabwehr ist aber meistens zusätzlich erforderlich. Diese Produkte müssen üppig und streng nach Herstellerangaben aufgetragen werden; nur dann können sie ihre Wirkung im gewünschten vollen Umfang entfalten.

Ergänzende Therapie: Meistens kommt man trotz Allergenvermeidung nicht ganz ohne zusätzliche Behandlung aus. Zahlreiche lokal anzuwendende Salben, Lotionen und jede Form von

Ekzemerdecken, die fast den ganzen Körper verhüllen, halten Fliegen und Stechmücken relativ fern und können eine Alternative zum chemischen Insektenschutz sein.

Hautpflegemitteln helfen in der Regel nur einigen Patienten, anderen wiederum nicht. Hier muss man verschiedene Produkte ausprobieren. Wichtig sind fütterungsbezogene Maßnahmen: Die tägliche Ration sollte den Eiweißbedarf des Pferdes möglichst genau treffen. Eine Überversorgung ist zu vermeiden. Zusätzliche Gaben von Vitaminen, Mineralien und Spurenelementen sind hilfreich: besonders Zink, Kupfer und Selen dürfen dabei nicht fehlen. Die Energieversorgung der Tiere ist so zu balancieren, dass kein Übergewicht entsteht. Von tiermedizinischer Seite her gelten Kortisone als maximale Therapie für Ekzempferde. Das ist aber relativ. Denn Kortisone unterdrücken lediglich einen Teil der äußerlich sichtbaren Symptome, vor allem den Juckreiz. Das verschafft dem Pferd zunächst eine wichtige und gewünschte Erleichterung. Ohne Allergenvermeidung wird die Krankheit damit jedoch nicht geheilt. Als Dauertherapie aber und insbesondere als scheinbar arbeitssparende Alternative zur Insektenabwehr dürfen Kortisone für Ekzempferde nicht benutzt werden.

Der eigentlich zur Behandlung von Hautpilzen bei Pferden zugelassene Impfstoff Insol-Dermatophyton®wird gelegentlich auch bei hartnäckigen Ekzemern eingesetzt: Eine dreimalige Injektion mit der doppelten Dosis im Abstand von jeweils 14 Tagen kann solchen Patienten helfen, die erstmalig an dieser Krankheit leiden. Bei „Alt-Ekzemern" im dritten oder in noch späteren Ekzemjahren liegt die Erfolgsquote immerhin noch bei 30–50%.

Prognose: Ekzempferde bleiben lebenslang anfällig. Werden alle Maßnahmen zum Insektenschutz konsequent durchgeführt, kann man die Tiere aber ganz normal nutzen. Gesundheit und Lebenserwartung sind nicht eingeschränkt.

Headshaking

Das Problem des Headshakings scheint in den letzten Jahren deutlich zugenommen zu haben; es tritt weltweit auf. Vom Headshaking spricht man, wenn Pferde heftige vertikale Nick- oder horizontale Schüttelbewegungen des Kopfes vornehmen, die ohne erkennbaren äußeren Grund so intensiv auftreten, dass die Arbeit mit dem Pferd erschwert oder unmöglich gemacht wird oder dass das Tier in seinem Allgemeinbefinden gestört ist. Die auftretenden Symptome sind charakteristisch:

- plötzliche und heftige auf- und abschlagende Nickbewegungen des Kopfes,
- seltener sind waagerechte Schüttelbewegungen,
- Schnauben und Niesen – als würde ein Fremdkörper in den Nüstern stecken,
- Reiben der Nüstern an den Beinen, am Erdboden, an Gegenständen oder dem Knie des Reiters, vermutlich durch Juckreiz bedingt, unter Umständen auch vor Schmerz oder Irritation.

Typisch ist in der Regel, dass die Symptome unmittelbar nach Beginn der Arbeit auftreten, wenn sich das Pferd warm gelaufen hat und vertieft atmet. Es gibt aber auch Berichte von Pferden, die ihren Kopf zeitweise auch auf der Weide ohne reiterliche Belastung schütteln. Ein genauer Prozentsatz für vom Headshaking betroffene Pferde ist nicht bekannt. Ebenso gibt es keine deutlichen Rassenunterschiede. Nach Angaben von Tierärzten, Pferdebesitzern und aus der Literatur sind aber Vollblüter und alle hochblütigen Pferderassen etwas häufiger betroffen und mit stärkeren Symptomen belastet.
Headshaking scheint bevorzugt im Frühjahr und Sommer aufzutreten, während die Symptome zum Winter hin allmählich verebben, um dann im nächsten Frühjahr erneut zu begin-

Hochgradige Headshaker zeigen auch ohne Reiter auf der Weide Symptome – vermutlich aufgrund des UV-Lichtes.

nen. Es gibt aber auch Pferde, die im Herbst oder Winter erstmalig erkranken oder die ganzjährig unter dem Problem leiden. Bei einigen Patienten schwächen die Symptome über mehrere aufeinander folgende Sommerhalbjahre allmählich ab, um schließlich ganz zu verschwinden. Bei anderen Tieren treten sie diskontinuierlich auf: Auf Jahre mit starker Symptomatik folgen solche mit geringem oder sogar ganz fehlendem Headshaken.

Auslösende Faktoren: Headshaking bezeichnet ein Symptom, es kann viele Ursachen haben. Eine eindeutig allergische Herkunft ist bislang nicht bewiesen; offenbar handelt es sich bei dem Komplex um einen allergie-ähnlichen Prozess. Über die Gesamtheit aller Patienten betrachtet, scheint Sonnenlicht der häufigste Auslöser zu sein. Man spricht dann vom photosensitiven Headshaking. Vermutlich wird dies über eine Reizung von Nervenfasern im Nüstern-Rachen-Raum

Headshaking kann das Reiten unmöglich machen und stellt einen schwerwiegenden Mangel bei einem neu gekauften Pferd dar, der zu ernsthaften juristischen Konsequenzen führen kann.

gesteuert. Ein bestimmter Gehirnnerv (*Nervus infraorbitalis* des *Nervus trigeminus*), der unter anderem die Nüstern und den Nasengang mit sensiblen Fasern versorgt, scheint bei Headshakern überempfindlich auf Licht und – unter Umständen – auf Wärme zu reagieren. Bei Bewegung im Freien und eine durch die Anstrengung bedingte Zunahme der Durchblutung und damit Erwärmung der Schleimhaut auf den Nüstern reagieren diese Pferde mit den bekannten Symptomen. Ob es Juckreiz oder Schmerzempfinden ist – die Pferde wollen das unangenehme Gefühl durch Schütteln, Schnauben und Reiben in der bekannten Weise abstellen. Für diese Vermutung spricht der Umstand, dass beim ruhigen Grasen auf der Weide oder Unterbringung im Stall, aber auch zu Beginn des Reitens und im Winter sowie an kalten, regnerischen Sommertagen die Tiere oft – allerdings eben nicht immer! – symptomfrei sind. Die Überempfindlichkeit des *Nervus infraorbitalis* scheint durch Herpesviren verstärkt zu werden.
Diese Viren bleiben oft lange Zeit in solchen Pferden, die an herpesbedingten Krankheiten, beispielsweise der Atemwege, leiden. Sie ziehen sich in die Endfasern der Nerven zurück und können dort deren Empfindlichkeit erhöhen.
Vom echten Headshaking müssen natürlich andere Gründe differenziert werden, die für kurze Zeit ähnliche Symptome auslösen können:

- Erkrankungen der Luftsäcke durch Pilze,
- Zahnprobleme,
- Veränderungen an Gaumen und Kehlkopf,
- Mittelohrentzündung und Ohrmilben,
- Insektenstiche,
- Augenerkrankungen,
- echte Gräserpollen-Allergie,
- Gehirnhautentzündung,
- Veränderungen in den Nüstern.

Auch reiterliche Fehler kommen in Betracht: Zuerst ist grundsätzlich zu klären, ob nicht Probleme mit Sattel, Zaumzeug, harten Reiterhänden oder starken Verspannungen im Rückenbereich zugrunde liegen, insbesondere schmerzhafte knöcherne Veränderungen der Wirbelsäule. Auch eine allgemeine Überforderung durch den Reiter kann Headshaken als Ventil für psychische Spannungen auftreten lassen.

Krank machende Folgen: Körperliche Schäden treten selten als Resultat des Headshaking auf. Gelegentlich beobachtet man Probleme in der Halswirbelsäule und der benachbarten Muskulatur sowie Verspannungen im Rücken. Das größte Problem ist aus der Sicht des Menschen die Unreitbarkeit des Pferdes. Aber man sollte auch berücksichtigen, dass sich die Pferde mit diesem dauernden Juck- oder Schmerzreiz, der sie immerhin zu solch anstrengenden und unkomfortablen Bewegungen zwingt, höchst unwohl fühlen.

Allergenvermeidung: Bei der dem Headshaking häufig zugrunde liegenden Photosensibilität ist die Vermeidung direkter Lichteinstrahlung folglich ein wichtiger Aspekt.
Praxiserfahrungen zeigen eine besondere Wirksamkeit von Nasenmasken, Gesichts- und Ohrennetzen. Hilfreich ist eine Verlegung des Reitens in die dunkleren und kühleren Tagesstunden sowie natürlich die Benutzung einer Halle anstatt eines Ausritts bei gleißender Mittagssonne. Immer wieder werden Headshaker beobachtet, die auch ohne Reiter und ohne forcierte Bewegung auf der Weide oder im Auslauf mit dem Kopf schütteln. Solche Pferde müssen natürlich wegen der quälenden Symptome dann vor starker Sonneneinstrahlung geschützt werden.

Ergänzende Therapie: Die Vermeidung von Situationen, die das Headshaking auslösen, ist eine wichtige Maßnahme und bietet eine erste Reduzierung des Problems. Effektiv beeinflussen lässt sich das Symptom damit in den meisten Fällen nicht. Deswegen sucht die veterinärmedizinische Wissenschaft intensiv nach Medikamenten. Aufgrund der quasi-allergischen Herkunft des Headshaking versuchte man zunächst die Anwendung von Kortisonen – aufgrund ihrer ausgeprägt antiallergischen und entzündungshemmenden Eigenschaften. Die Erfolge sind aber unterschiedlich und im Allgemeinen nicht übermäßig groß. Außerdem eignen sich Kortisone im Erfolgsfall aufgrund ihrer möglichen Nebenwirkungen nicht unbedingt für die dann erforderliche Dauertherapie.
Bessere Reaktionen erzielte man mit verschiedenen weiteren Medikamenten aus der Humanmedizin bei den betroffenen Pferden.
Positiv zu bewerten ist bei manchen Patienten der Wirkstoff Cyproheptadin. Cyproheptadin wirkt insbesondere bei den photosensitiven Headshakern. Die Dosierungsempfehlung liegt bei zweimal täglich 0,3–0,6 mg Wirkstoff/kg Körpergewicht des Pferdes, oral. Statistische Auswertungen zeigen eine mittelmäßige bis sehr gute Verbesserung bei ungefähr siebzig Prozent der Patienten. Im Erfolgsfall stellt sich die Wirkung nach einer Woche ein.
Carbamacepin stellt eine therapeutische Alternative dar, die nach verschiedenen Untersuchungen bei bis zu achtzig Prozent der Tiere eine mittlere bis deutliche Verbesserung bringt. Der Aufwand ist allerdings erhblich höher:

Man gibt 4–8 mg Wirkstoff/kg Körpergewicht des Pferdes drei- bis viermal täglich. Nach zehn bis 20 Tagen sind erste Verbesserungen des Gesundheitszustandes zu erwarten. Mit reduzierter Einzeldosis lassen sich die Wirkstoffe bei einigen Patienten zum Vorteil kombinieren.

Als bekannte Nebenwirkungen beider Stoffe gelten beim Menschen Müdigkeit, Kopfschmerzen, nervale Störungen, Herzstörungen, Hautveränderungen, Einschränkung des Hör- und Sehvermögens, Blutbildveränderungen, Schädigungen der harnableitenden Organe und das Risiko einer Darmlähmung.

Beide Stoffe führen zu keiner Heilung, sondern müssen zur Symptomunterdrückung kontinuierlich gegeben werden.

Teilweise ermutigende Erfolge gibt es mit verschiedenen naturheilkundlichen Therapien. Akupunktur, Homöopathie und Eigenblutbehandlung und vor allem die Bioresonanztherapie sollen hilfreich sein. Das scheint aber stark von Patient zu Patient zu schwanken.

Prognose: Eine echte Heilung ist derzeit nicht zu garantieren, weil selbst die Allergenvermeidung kaum effektiv möglich ist. Körperliche Folgeschäden sind jedoch kaum zu erwarten; leider geht die Verwendung als Reitpferd oft aber tatsächlich verloren.

Nesselfieber

Beim Nesselfieber (Nesselausschlag, Nesselsucht, Quaddelausschlag, Urtikaria) kann die Haut des Pferdes schon nach einer Viertelstunde mit Quaddeln übersät sein. Der Anblick ist dramatisch. In den meisten Fällen droht aber keine akute Gefahr.

Auslösende Faktoren: Die Ursachenforschung ist beim Nesselfieber frustrierend: Meist kommt kein Ergebnis dabei heraus. Die Reaktionen kommen und gehen, ohne dass der Grund erkannt wurde. Es scheint gelegentlich auch angeborene Unverträglichkeiten gegen bestimmte Medikamente oder Futterbestandteile zu geben. Dann tritt die Urtikaria ziemlich verlässlich jedes Mal nach dem Kontakt mit diesem Stoff auf. Als Nesselfieberverursacher kommen äußere und innere Kontakte mit Allergenen in Betracht:

- Hautkontakte mit Raupen und stechenden Insekten,
- Kräuter mit hautreizenden Stoffen (Nesseln, Zaunrübe, Riesen-Bärenklau),
- Leder- und Hautpflegemittel, Waschlotionen,
- Holzschutzmittel (Phenole), Chemikalien aus dem Reitbahnboden,
- Medikamenten-Allergien (nach Injektion, aber auch durch Salben und andere äußerlich angewendete Stoffe),
- Futtermittel-Unverträglichkeit

(Soja- oder Getreideeiweiß, Schlempe, Melasse),

› Schimmel aus Heu und Stroh, Gräserpollen.

Tritt ein Nesselfieber bei nur einem Pferd des Bestandes ein einziges Mal auf, ist die Ursachenfindung meist müßig. Bei sich wiederholenden Fällen muss man aber zu einem Ergebnis kommen – und hat auch eine bessere Chance, die Parallelen der jeweiligen Erkrankungen zu analysieren. Dabei ist zu berücksichtigen, dass bereits flüchtige Kontakte, beispielsweise ein Vorbeistreifen an unverträglichem Holzschutzmittel, die allergische Reaktion auslösen kann. Um Verdachte zu bestätigen, eignet sich ein Blut-Allergietest in einem spezialisierten Labor.

Krank machende Folgen: Beim klassischen Nesselfieber-Patienten bilden sich innerhalb von zehn bis 30 Minuten zahlreiche Hautquaddeln. Sie sind meist weder schmerzhaft noch mit Juckreiz verbunden. Dementsprechend scheuert sich das Pferd nicht und zeigt auch keine Unruhe wie bei anderen Allergien. Auch wenn der Name Nesselfieber es andeutet – eine Temperaturerhöhung beobachtet man nur ganz selten. Wie überhaupt die Allgemeinsymptome in den meisten Fällen von Urtikaria nur äußerst schwach ausgeprägt sind. Die Tiere saufen und fressen normal, sie wirken ansonsten völlig gesund. Nesselfieber verläuft fast immer harmlos: Nach zwölf bis 48 Stunden sind alle Quaddeln wieder vollständig verschwunden. Allerdings bilden sich an den quaddeligen Stellen hinterher oft kleine Krusten von ausgetretener Hautflüssigkeit. Diese fallen nach einigen Tagen ab. Den Prozess kann man bei massenhaftem Auftreten mit einer milden hautpflegenden Lotion erleichtern. Geritten werden darf das Pferd erst dann wieder, wenn alle Krusten im Bereich von Sattel und Gurt verheilt sind, sonst droht Wundreiten. Manchmal kann Nesselfieber jedoch lebensbedrohend werden. Dann breitet sich die Schwellung auf die Schleimhäute von Maul, Rachen, Kehlkopf und Luftröhre aus. Das Pferd leidet unter schwerer Atemnot. Eine sehr schnelle Schockbehandlung durch den Tierarzt ist dann wichtig.

Allergenvermeidung: Weil die auslösenden Allergene meistens im Vorfeld nicht bekannt sind, kann man sie auch nicht gezielt vermeiden. Tritt Nesselfieber beim selben Pferd nach Kontakt zu bestimmten Stoffen mehrfach auf, kann man unter Umständen einen logischen Zusammenhang herstellen und diese Substanzen dann aus dem Umfeld des Pferdes eliminieren. Eine generelle Reduzierung des Risikos für Kontakte zu Allerge-

Häufig auftretendes Nesselfieber deutet auf eine hohe allergische Reaktionsbereitschaft hin. Hier kann Hilfe aus der Homöopathie kommen.

Chemischer Insektenschutz ist für Weidepferde oftmals unverzichtbar, kann aber allergieauslösend sein.

nen ist vorsorgliche Verwendung von ausschließlich einwandfreiem Futter und die kritische Überprüfung aller verdächtigen Chemikalien im Stall (Holzschutzmittel), auf der Weide (Unkrautvernichter, Dünger) und in der Reitbahn (Frostschutzmittel). Außerdem muss man genau abwägen, welche Pflegemittel beim Pferd wirklich erforderlich sind, und sollte über eine Reduzierung dieser Stoffe nachdenken.

Ergänzende Therapie: Eine Urtikaria mit geringer Quaddelbildung verschwindet nach kurzer Zeit von selbst. Ist das Pferd ansonsten munter, muss der Tierarzt im Grunde nicht benachrichtigt werden. Wichtigste Maßnahmen: das Tier vor praller Sonne schützen, kühl und insektenfrei aufstallen und die verquaddelten Stellen mit kaltem Wasser intensiv kühlen. Zusätzliche Einreibungen mit verdünntem Essig sind hilfreich. Nicht benutzt werden sollten bei solchen Pferden – ohne tierärztliche Anweisung – Kühlgel, abschwellende Salben oder andere Hautpflegemittel. Da der Patient ohnehin schon in einer körperlichen Situation gesteigerter allergischer Bereitschaft ist, könnten weitere chemische Produkte das Geschehen verstärken. Sind keine Quaddeln in der Sattel- und Gurtlage aufgetreten, kann das

Pferd bei gutem Allgemeinbefinden am übernächsten Tag wieder geritten werden, wenn die Quaddeln fast vollständig abgeklungen sind.
Bei ausgedehnter Urtikaria auf großen Flächen des Körpers erscheint es vielen Tierhaltern sinnvoll, sicherheitshalber den Tierarzt zu benachrichtigen. Er sollte in jedem Fall dann benachrichtigt werden, wenn das Pferd Unruhe, Juckreiz oder Störungen des Allgemeinbefindens zeigt.
Bei Quaddeln im Bereich von Nüstern und Augen sowie bei Atemnot und offensichtlichen Kreislaufproblemen (Schwanken, Schweißausbruch, nicht ansprechbar) muss der Tierarzt unbedingt sehr schnell kommen.
Weil die Ursachen schlecht herauszufinden sind, ist auch eine Vorbeugung schwierig. Am ehesten ist sie noch bei Wiederholungsfällen möglich, in denen man das Allergen eventuell erkannt hat und dann vermeiden kann.

Prognose: Meist verläuft diese allergische Krankheit harmlos – aber nach den Ursachen sollte gesucht werden, um erneute Ausbrüche zu vermeiden.

Kontaktallergien

Kontaktallergien treten durch die direkte Berührung der Haut oder Schleimhaut mit Allergenen auf. Es gibt Stoffe, die von Natur aus bei allen Säugetieren ein hohes allergenes Risiko bergen. Pferde sind davon seltener betroffen; aber wenn es geschieht, dann sind die Ursachen oft schwer zu identifizieren.

Auslösende Faktoren: Typische Allergieauslöser sind die Metalle Chrom, Kobalt, Nickel und Zink. Sie werden in unterschiedlichsten Produkten verwendet. Oft kann der Benutzer das nicht erkennen. Auch andere Chemikalien haben eine große potenziell allergene Wirkung. Das führt zu umfangreichen Wechselwirkungen und zu der Erfahrung, dass unter anderem folgende Produkte im Allgemeinen häufiger als Verursacher von Kontaktallergien ausfindig gemacht werden:

- Imprägnierungsmittel für Weidezaunpfähle,
- Gebisse,
- Konservierungsstoffe,
- Lederöl,
- Wasch- und Reinigungsmittel,
- Sattel- und Zaumzeug,
- Insektenschutzmittel,
- Farben in fabrikneuen Satteldecken.

Auch zur Pferdepflege bestimmte Produkte enthalten immer wieder allergisierende Substanzen, beispielsweise zur Konservierung oder geruchlichen Verbesserung.
Aber auch Naturprodukte können bei empfindlichen Pferden individuelle Hautallergien hervorrufen. Das in vieler Hinsicht hilfreiche Teebaumöl etwa

Die Rinde von Laubbäumen – im Winter oftmals zur Beschäftigung gereicht – kann ebenfalls allergisierende Stoffe enthalten.

wird von einzelnen Pferden überhaupt nicht vertragen; bei anderen Tieren kann es nur in Verdünnung angewendet werden. Die Säfte mancher Bäume, Sträucher und Kräuter sind ebenfalls sehr hautreizend.

Krank machende Folgen: Alle Entzündungsformen der Haut werden beobachtet: Rötungen, Schwellungen, Pustelbildung, Juckreiz und die spätere Entstehung von Krusten fasst man symptomatisch zusammen als Kontaktekzem. Dies ist lästig und – je nach Lokalisation – für das Pferd auch schmerzhaft. Das gilt besonders für Veränderungen an den Schleimhäuten.

Kontaktekzeme treten dort am deutlichsten auf, wo die Verbindung zwischen Haut und Allergen besonders innig ist, beispielsweise in der Sattellage, am Kopf unter dem Zaumzeug, unter Bandagen.

Allergenvermeidung: Es gibt eine so große Zahl von theoretisch möglichen Kontaktallergenen, dass man nicht alle komplett meiden kann. Wenn ein Kontaktekzem erstmalig auftritt, kann man sich auf Faktoren konzentrieren, die im Umfeld des Pferdes erstmalig verändert wurden. Tritt das Ekzem mehrfach auf, muss man versuchen, logische Bezüge zu regelmäßig wiederkehrenden Ereignissen in der Umgebung des Pferdes herzustellen. Erfahrungsgemäß sollte man dabei auf folgende Schwerpunkte achten:

- Sofortiges Absetzen aller Wasch-, Reinigungs-, Pflege- und Insektenschutzmittel, mit denen das Pferd in der letzten Zeit in Berührung gekommen ist,
- Kontrolle der Stallwände auf neuen Anstrich und Verbissspuren,
- Check des Zaumzeugs auf Lederverarbeitung und Konservierungsmittel,
- Kontrolle der Weide und benachbarter Grundstücke auf Mineraldünger und Unkrautvernichtungsmittel,
- Untersuchung des Reituntergrundes auf Beimengungen aus Lederresten, Kunststoffen oder Frostschutzmitteln,
- Begutachtung aller Pflanzen in Weide und Ausläufen einschließlich vorgelegtem Knabberholz auf Unbedenklichkeit.

Wenn die Suche erfolgreich war, müssen natürlich auch andere Pferde der Anlage vor dem Allergen geschützt werden, sofern dies kein individuell, sondern generell schädigender Stoff ist.

Ergänzende Therapie: Eine Behandlung der geschädigten Haut mit milden Wundsalben ist sinnvoll. Allerdings sollte der Tierarzt zuvor befragt werden, damit nicht versehentlich ein Produkt ausgewählt wird, das seinerseits wieder ein hohes generelles Allergierisiko birgt. Bei hochgradigen und schmerzhaften Ekzemen oder Störungen des allgemeinen Befindens kann eine intensivere tierärztliche Therapie wichtig und lindernd sein.

Prognose: Wenn das Allergen herausgefunden und fortan gemieden werden kann, ist die Prognose gut.

Sonnenallergie

Diese Allergie wird auch Lichtallergie oder Photodermatitis genannt. Sie verläuft sehr schmerzhaft mit oftmals ausgedehnten Hautschäden. Die Sonnenallergie darf nicht mit einem Sonnenbrand verwechselt werden. Dieser tritt bevorzugt im Früh- und Hochsommer nach einer zu intensiven Sonnenbestrahlung an den weißen Hautpartien der Pferde am Kopf und im Fesselbereich auf – ohne allergische Komponenten.

Auslösende Faktoren: Photoallergien treten bei Pferden meistens nach der Aufnahme bestimmter Pflanzen auf. Diese Pflanzen enthalten lichtsensibilisierende Stoffe. Sie reichern sich in der Haut an und führen im Zusammenwirken mit dem UV-Licht der Sonne zu einer heftigen allergischen Reaktion. Dabei werden immer beide Faktoren benötigt: eine gewisse Menge UV-Licht und der photosensibilisierende Stoff. Die reine Sonnenbestrahlung oder das alleinige Verzehren der Pflanzen bei im Stall gehaltenen Tieren oder während bedeckter Tage führt zu keiner Reaktion.

Am häufigsten tritt die Krankheit nach der Aufnahme des im Juni und Juli blühenden Johanniskrauts auf. Aber auch Buchweizen und einige unscheinbare, leicht zu übersehende Klee- und Luzernearten können als Verursacher in Frage kommen. Während viele Pferde solche Pflanzen instinktiv meiden, nehmen andere sie ohne Hemmungen auf. Das gilt natürlich besonders im Hochsommer, wenn die Weiden allmählich magerer werden und der spärlichere Bewuchs dann weniger selektiv gefressen wird.

Als natürliches Insektenabwehrmittel wird oftmals Nelkenöl empfohlen bzw. entsprechenden Produkten beigefügt. Es kann in Einzelfällen Hautreaktionen hervorrufen, insbesondere bei Pferden mit ohnehin schon vorhandenem Sommerekzem.

Krank machende Folgen: Typisch sind ekzemartige Rötungen mit zu Beginn meist nur geringem Juckreiz. Im späteren Verlauf kann der Juckreiz zunehmen. Vor allem aber bilden sich Krusten auf der Haut, die im Anschluss oft in eine nässend-feuchte Entzündung übergehen. Besonders in Gelenknähe und überall dort, wo die Haut oft gebeugt oder anderweitig belastet wird, ist dies sehr schmerzhaft für das Pferd. Durch Insekten werden Bakterien in die offenen Wunden übertragen, die eine ausgedehnte und tiefe Hautinfektion hervorrufen können.

Allergenvermeidung: Soweit die auslösenden Pflanzen bekannt sind, sollten die Pferde keinen Zugang zu ihnen haben.

Ergänzende Therapie: Die Patienten sind bei Verdacht sofort von der Wei-

Massenbefall mit lästigen Insekten fördert Ekzeme und Bindehautentzündung und sollte daher wirkungsvoll verhindert werden.

de und damit von den Pflanzen mit den allergisierenden Inhaltsstoffen zu entfernen und zunächst aufzustallen, damit Schatten sichergestellt ist. Die Behandlung der entzündeten Hautpartien erfolgt wie bei allen Wunden: Im geringgradigen Fall genügt eine pflegende Hautsalbe, bei schweren Symptomen ruft man den Tierarzt.

Prognose: Es bleiben meist keine Folgeschäden. Die komplette Ausheilung kann in hochgradigen Fällen Wochen in Anspruch nehmen.

Bindehautentzündung

Entzündungen der Bindehaut des Auges werden als Konjunktivitis bezeichnet. Sie können verschiedene Ursachen haben: starker Wind, Infektionen oder als Begleitsymptom umfangreicher Erkrankungen des gesamten Auges. Oft aber werden einfache Bindehautreizungen auch durch Allergien ausgelöst.

Auslösende Faktoren: Das Auge ist allen Schadstoffen aus der Luft ungeschützt ausgesetzt. Besonders Blütenpollen und die Schmutzkeime von sommerlichen Insektenplagen haben oft eine allergene Wirkung und sorgen für eine prompte Reaktion, denn jedes Fliegenbein bietet aufgrund seiner Behaarung Zehntausenden von Bakterien Unterschlupf. Aber auch reizendes Ammoniakgas, der Staub aus Reitbahn und Halle, Baumaterialien und ähnliches lösen solche Allergien aus. Ozonhaltige Sommerluft im Zusammenwirken mit langer direkter Sonneneinstrahlung kann ebenfalls starke Reize setzen.
In seltenen Fällen können sogar medizinische Augensalben eine allergische Reaktion hervorrufen. Das liegt meistens nicht an den Wirkstoffen, sondern an den in der Salbe enthaltenen Konservierungsmitteln.

Krank machende Folgen: Die auffälligsten Folgen sind ein vermehrter Tränenfluss sowie unterschiedlich starkes Zukneifen des Auges. Dieses beruht auf erhöhter Lichtempfindlichkeit und Schmerz. Bei genauem Hinsehen erkennt der Pferdehalter, dass die Bindehäute gerötet und eventuell verschwollen sind. Bei starker Konjunktivitis ist der Tränenfluss nicht wässrig und klar sondern schleimig, flockig und bisweilen sogar eitrig.

Allergenvermeidung: Meist kann man nicht vorhersagen, welche Allergene für das individuelle Pferd zur Konjunktivitis führen werden. Trotzdem sollten generell als allergen bekannte Substanzen grundsätzlich vom Auge fern gehalten werden. Dazu gehören vor allem die meisten Pflegemittel und solche Insektenabwehrprodukte, die nicht ausdrücklich für die direkte

Augenumgebung getestet und zugelassen sind.
Salbenreste in teilweise noch gefüllten Tuben früherer Augenbehandlungen sollten nicht mehr zum Einsatz kommen. Sie sind oft hochgradig mit Schmutzkeimen durchsetzt.

Ergänzende Therapie: Für den Pferdehalter gilt als Faustregel, dass er bei einer gering- bis mittelgradigen Bindehautentzündung zunächst maximal drei Tage einfach abwarten oder eine Eigenbehandlung mit solchen Salben durchführen kann, wie sie auch am Menschen für denselben Zweck ohne Rezept in Apotheken erhältlich sind. Diese Augensalben enthalten Vitamin A und Dexpanthenol sowie weitere das Auge beruhigende und die Entzündung abklingen lassende Wirkstoffe. Nach spätestens drei therapeutisch erfolglosen Tagen ist der Tierarzt unbedingt zu bestellen.

Prognose: Eine Bindehautentzündung heilt zumeist folgenlos ab.

Arzneimittel-Allergien

Wenn Arzneimittel Allergien aulösen, ist das für den Pferdehalter kaum verständlich: Schließlich sollen diese Produkte das Pferd heilen und nicht krank machen.
In Arzneimitteln befinden sich im Regelfall bis zu drei Komponenten:
- der eigentliche Wirkstoff,
- Konservierungsmittel und Stabilisatoren,
- Adjuvantien (Verstärker der Immunantwort) bei Impfstoffen.

Die überwiegende Mehrzahl der Wirkstoffe ist gut verträglich und löst äußerst selten Allergien aus. Vor allem in der Gruppe der Antibiotika gibt es allerdings einige Penicillin-Typen, die überdurchschnittlich oft ein allergisches Geschehen auslösen. Jedes Pferd ist jedoch ein Individuum. Daher ist niemals ausgeschlossen, dass es anders und heftiger auf ein Arzneimittel reagiert als zehntausende anderer Pferde vor ihm.
Das gilt auch für die Konservierungsmittel in Medizinalprodukten. Diese Beigaben sind wichtig, um die Produkte beispielsweise in stabilen Lösungen zu halten oder einen Befall mit Schadkeimen zu verhindern. Während die Zahl der Wirkstoffe äußerst groß ist, gibt es im Verhältnis dazu deutlich weniger verschiedene Konservierungsmittel, die Arzneimitteln zugesetzt werden. Damit ist die Wahrscheinlichkeit, auf ein relativ wenig eingesetztes Produkt mit entsprechend geringerer Sicherheitserfahrung zu stoßen, hier noch geringer.
Adjuvantien sind in Impfstoffen enthalten. Sie sollen dem Immunsystem helfen, die Inhalte des Impfstoffes kla-

rer als Infektionsgegner zu erkennen, und den Körper zu einer stärkeren Immunantwort anregen. Ihre Allergenität kann sehr hoch sein, wirkt sich aber praktisch immer nur in Form von unbedenklichen Schwellungen an der Injektionsstelle aus.

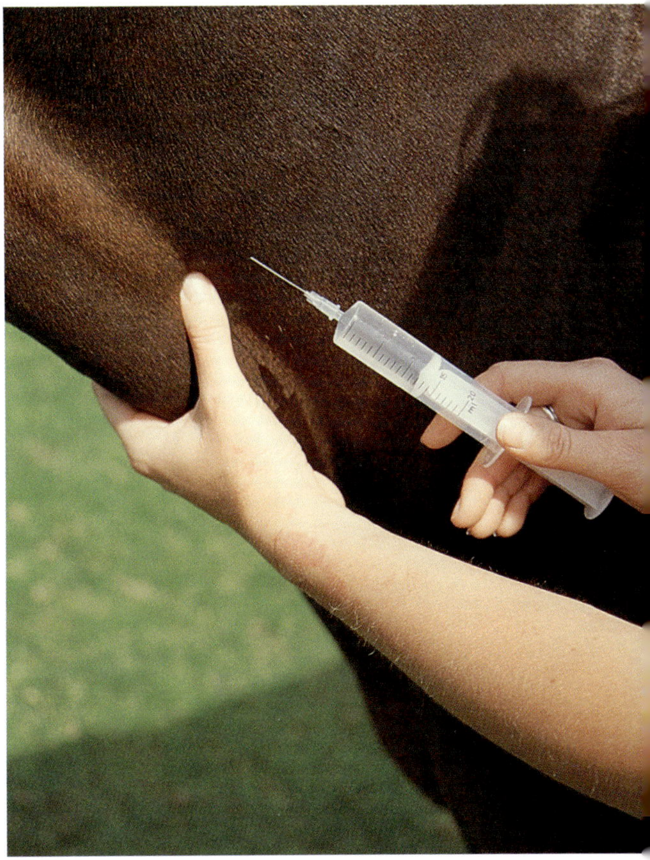

Beim allergischen Schock helfen nur Arzneimittel, die sofort und intravenös injiziert werden.

Arzneimittel-Prüfung

Arzneimittel für Pferde und andere Tiere werden genauso intensiv untersucht und geprüft wie Arzneimittel für Menschen. Diese Tests beziehen sich auf das gesamte Produkt; also nicht nur auf die Verträglichkeit des einzelnen Wirkstoffes.
Der erste Schritt auf diesem Weg sind umfangreiche Prüfungen des Wirkstoffes im Labor des Herstellers.
Wenn alle Tests im Reagenzglas und an Versuchstieren erfolgreich waren, muss der Hersteller einen Antrag auf erste kontrollierte Prüfungen an normalen Patienten stellen. Das bedeutet: Er darf nun, in Zusammenarbeit mit Prüfärzten, das neue Arzneimittel an solchen freiwilligen Patienten anwenden, die an Krankheiten leiden, gegen die dieser Stoff helfen soll. Sowohl Ärzte als auch Patienten müssen der Gabe im Einzelfall zustimmen; alles wird schriftlich dokumentiert. Im Veterinärbereich übernimmt der Tierbesitzer natürlich die Entscheidung für sein Pferd.
Tauchen an irgendeiner Stelle dieser Entwicklung Probleme mit dem Arzneimittel auf, zieht der Hersteller es in der Regel zurück.
Wenn bis zu dem Punkt aber alles gut gelaufen ist, dann werden alle Fakten und Hintergründe zu dem Produkt und die Protokolle aller Testreihen in einem bis zu 10 000 Seiten starken Dossier zusammengestellt. Die Arzneimittel-Zulassungsbehörde prüft diese Unterlagen. Die „individuelle“ arzneimittelrechtliche Prüfung der

Unterlagen dauert mehrere Monate und stellt eine erhebliche letzte Hürde für die offizielle Anerkennung und Zulassung des Produktes dar. Wenn sich Fragen ergeben oder Zweifel entstehen, muss der Hersteller weitere Sicherheits- oder Wirksamkeitsuntersuchungen durchführen und deren Ergebnisse nachreichen.

Ist das fertige Arzneimittel schließlich auf dem Markt, behält es die zuständige Behörde dennoch kontinuierlich unter Kontrolle: Jeder Tierarzt ist gesetzlich dazu verpflichtet, mögliche Nebenwirkungen – und dazu würden auch und gerade allergische Reaktionen gehören – umgehend dem Hersteller zu melden. Dieser wiederum ist dazu verpflichtet, solche Fälle umgehend und komplett an die Aufsichtsbehörde zu melden. Dort laufen alle Fäden zusammen. Erweist sich ein Produkt also nach seiner Zulassung als nicht wirksam oder sicher genug, wird ihm die Zulassung umgehend wieder entzogen.

Von der Quaddel bis zum Schock

Allergische Reaktionen auf Arzneimittel gibt es in vielen Formen. Die meisten sind harmlos, einige wenige können sehr gefährlich sein.
Die sicherste Form der Verabreichung von Arzneimitteln – und zugleich auch die schonendste für das Pferd – ist die orale Gabe, also die Anwendung über das Futter. Hier wird das Produkt so langsam vom Körper aufgenommen, dass es nur in höchst seltenen Fällen zur Allergie in Form von Durchfall kommt. Dieser Durchfall hat dann zudem eine regulierende Funktion: Er schafft die Reste des Arzneimittels auf schnellstem Wege aus dem Körper. Leider haben Pferde sehr empfindliche nützliche Bakterien im Dickdarm. Die vertragen eine große Zahl von Arzneimitteln nicht, sterben darauf in Massen ab und können so schwerste Koliken bewirken. Das gilt besonders für fast alle Antibiotika, die man Pferden aus diesem Grund praktisch nicht oral geben kann. Beim Menschen sowie beispielsweise bei Hunden und Katzen ist das leichter möglich, wenngleich es auch hier nicht immer verträglich ist.
Also ist der Tierarzt oft auf die Gabe per Injektion angewiesen. Dann aber ist die volle Dosis des möglicherweise allergisierenden Arzneimittels auf einen Schlag im Pferd und kann natürlich nicht mehr zurückgenommen werden, wenn sich Probleme zeigen. Bei den Injektionen kann man zwei Gruppen unterscheiden:

- Bei der Gabe unter die Haut (subkutan) und in den Muskel (intramuskulär) wird das Arzneimittel relativ langsam resorbiert.
- Bei der Gabe in eine Vene (intravenös) wird es schnell im ganzen Körper verteilt.

Am häufigsten treten nach der subkutanen oder intramuskulären Injektion von Arzneimitteln oder Impfstoffen regional begrenzte allergische Veränderungen auf. Denn in der Nähe der Einstichstelle liegt eine hohe Konzentration des Arzneimittels vor. Schwellungen und Schmerzen werden hier als lokale Reaktionen beobachtet. Solche Veränderungen verschwinden nach einigen Tagen von selbst wieder; in der Regel müssen sie nicht behandelt werden und bilden sich am schnellsten zurück, wenn man sie einfach nicht beachtet. In schwereren Fällen dehnen sich diese Veränderungen immer weiter aus und bilden zahlreiche Quaddeln auf der Haut. Dann ist ein arzneimittelbedingtes Nesselfieber entstanden, das genauso zu behandeln ist wie jedes sonstige Nesselfieber. Auch ein kurzfristiger Anstieg der Körpertemperatur kann als Reaktion auf Arzneimittel auftreten. Besonders nach Impfungen wird dies gelegentlich passieren können. Die Folgen sind meistens gering, und einige Tage der Schonung sollten ohnehin nach einer Impfung angesetzt werden. Führt man Auffrischungsimpfungen bei Pferden in zu engen zeitlichen Abständen durch, können diese fiebrigen Symptome allerdings sehr stark und gefährlich werden. In der Praxis wird darüber gelegentlich im Zusammenhang mit der Tetanus-Impfung berichtet. Diese ist an sich eine ganz harmlose und sehr gut verträgliche Impfung beim Pferd, die nach erfolgter Grundimmunisierung je nach verwendetem Präparat nur alle zwei bis drei Jahre aufgefrischt werden muss – und sollte.

Die allergischen Reaktionen bei intravenösen Injektionen sind immer generalisiert; sie betreffen also den gesamten Körper. Die dramatischste Form ist ein anaphylaktischer Schock. Hier läuft die allergische Reaktion extrem schnell ab und bezieht das Kreislaufsystem ein. Die Pferde taumeln, zittern und können plötzlich zusammenbrechen. Der Blutdruck der Patienten sinkt schnell und stark, es besteht akute Lebensgefahr. Dabei lässt sich weder die Reaktion des einzelnen Pferdes auf ein spezielles Medikament erahnen, noch kann man die Schuld dem Medikament oder der Anwendung durch den Tierarzt zuschieben. Vielmehr tritt dieses Ereignis schicksalhaft auf.

Problematisch ist dabei, dass man den bereits injizierten Teil des Medikamentes nicht mehr aus dem Pferd zurücknehmen kann. Treten die ersten Symptome für eine solche Anaphylaxie auf, gibt der Tierarzt sofort Medikamente gegen den beginnenden Kreislaufschock. Danach muss man abwarten, denn letztlich kommt es darauf an, welche Stoffmenge bereits im Pferd ist und ob der Patient damit

Bei sorgfältiger Anwendung von Arzneimitteln sind Reaktionen in Form eines schweren allergischen Schocks selten. Wenn sie doch einmal passieren, kann man das nicht dem behandelnden Tierarzt anlasten. Auch das Medikament selbst kann ohne Verschulden des Herstellers auf ein individuell überempfindliches Tier treffen - davor ist man nie und bei keiner Therapie gefeit, auch nicht bei Naturheilmitteln.

aus eigener Kraft weitgehend zurande kommt. Dies geschieht glücklicherweise oft: Viele Patienten beruhigen sich nach einigen Sekunden wieder, gestürzte Tiere stehen nach einigen Minuten wieder auf. Todesfälle sind seltener, aber dennoch möglich.

Bei diesen Überlegungen sollte man jedoch einen klaren Blick auf die Wahrscheinlichkeit und die tatsächlichen Zahlen richten: Die Summe aller schweren allergischen Arzneimittelwirkungen mit unter Umständen tödlichen Folgen beträgt in Deutschland gesamtheitlich bei allen Pferden nur wenige Fälle im Jahr. Das Risiko ist also äußerst gering.

Vermeide-Strategien

Die Intensität der individuellen Allergie auf Arzneimittel ist von drei Faktoren abhängig:

- Form der Arzneimittelgabe,
- Menge des verabreichten Arzneimittels,
- Häufigkeit der Gabe.

Die Form der Arzneimittelgabe stellt das höchste Risiko dar. Eine Gabe über das Futter ist am sichersten, kann aber aus den erwähnten Gründen nicht mit allen Wirkstoffen vorgenommen werden. Bei den Injektionen ist die intravenöse bezüglich des Allergierisikos die gefährlichste Form. Allerdings ist der Tierarzt auch hier weitgehend an medizinische Vorgaben gebunden: Zum einen müssen bestimmte gewebereizende Arzneimittel unbedingt intravenös verabreicht werden, weil sie dann im Blut sofort eine Verdünnung erfahren; die intramuskuläre oder subkutane Gabe wäre für das Pferd zu schmerzhaft und könnte schwerste Entzündungen hervorrufen.
Zum anderen ist es gerade bei akuten Krankheiten und starken Schmerzen oftmals unumgänglich, das Arzneimittel intravenös zu verabreichen, weil man auf den schnellen Wirkungseintritt angewiesen ist.
Im Vorfeld kann weder der Tierarzt noch der Pferdehalter erraten, ob ein Arzneimittel einen allergischen Schock auslösen wird. Ist aber eine solche Reaktion eingetreten, sollte man eine wiederholte Gabe dieses Arzneimittels unbedingt vermeiden. Denn je häufiger das Immunsystem mit dem individuell allergenen Stoff konfrontiert wird, desto heftiger kann die allergische Reaktion ausfallen. An der Box solcher Arzneimittel-Allergiker sowie im Equidenpass des Tieres sollte also unbedingt ein entsprechender Hinweis angebracht sein, damit fremde Tierärzte, beispielsweise in Notfällen, am Wochenende oder in der Pferdeklinik, gewarnt sind.

Wirklich viel kann weder der Pferdebesitzer noch der Tierarzt tun, wenn ein Pferd einen allergischen Arzneimittelschock entwickelt. Meist tritt diese Reaktion unmittelbar nach der Injektion auf, wenn der Tierarzt noch im Stall ist. Er injiziert dann sofort schnell wirksames Kortison und kreislaufstabilisierende Mittel; deren Wirkung ist aber begrenzt. Entdeckt der Pferdehalter einen verzögerten Schock nach der Abfahrt des Tierarztes, muss er diesen natürlich sofort wieder anrufen. In der Wartezeit kann er nichts tun. Sofern das Pferd so ruhig ist, dass man die Box betreten kann, können beruhigende Worte und konsequente Ansprache sowie bei niedrigen Temperaturen eine Decke hilfreich sein. Bei sehr unruhigen Pferden oder solchen, die festliegen und unkontrolliert um sich schlagen, darf die Box nie betreten werden. Bis der Tierarzt wieder kommt, sollte man einige kräftige Helfer organisiert haben.

In einem Punkt können sowohl Tierarzt als auch Pferdebesitzer jedoch aktive Allergie-Prophylaxe betreiben: indem beide darauf achten, dass bei ihrem Pferd nur solche Arzneimittel angewendet werden, die tatsächlich explizit für Pferde zugelassen und damit auch für diese Tierart geprüft sind. Denn einen Therapienotstand gibt es für das Pferd – mit Ausnahme von Narkosemitteln – praktisch nicht. Also gibt es auch keine Rechtfertigung, für Pferde nicht zugelassene Produkte anzuwenden.

Haut und Fell sind ein Spiegl der inneren Gesundheit; allergische Hauterkrankungen müssen daher ganzheitlich „von innen" therapiert werden.

Futtermittel-Allergien

Pferde und ihre Vorfahren haben seit Millionen von Jahren Gras, Kräuter und Laub gefressen sowie Wasser getrunken. Bis in die siebziger Jahre des 20. Jahrhunderts lebten sie fast ausschließlich von Gras, Heu und Hafer. Aber erst seit wenigen Generationen konfrontieren wir sie mit Soja, Sonnenblumenöl und Melasse, mit künstlichen Konzentraten, Zusätzen und Ergänzern und mischen ihnen

Elektrolyte in die Tränke. Besonders überraschend ist das Auftreten von Futtermittel-Allergien also nicht.

Allergene und ihre Diagnose

Dass eine optimierte Ernährung den domestizierten Pferden dennoch nützte, kann man anhand ihrer Entwicklung unter dem Einfluss des Menschen gut beobachten: Die heutigen Hauspferde sind erheblich größer, schneller und stärker als ihre wilden Vorfahren; dazu hat neben anderen Faktoren vor allem die erheblich bessere Fütterung beigetragen.
Zahlenmäßig haben Futtermittel-Allergien bei Pferden bislang keine große Bedeutung. Im Einzelfall aber können sich daraus äußerst störende Symptome entwickeln, die das Pferd belasten und seine Leistungsfähigkeit einschränken. Symptome für Futtermittel-Allergien können sein:

- ständiger oder zeitweise auftretender Durchfall,
- Koliken,
- unter Umständen kompensatorische Hautreaktionen.

Die richtige Fütterung von Allergikern ist auch deshalb so wichtig, weil viele Allergien von innen heraus kommen und daher auch nur in diesem Sinne ganzheitlich bekämpft werden können. Dann verschwinden auch Hautprobleme oftmals wie von selbst.

Leider gibt es eine Vielzahl anderer und weitaus häufigerer Krankheitskomplexe, die identische Symptome zeigen und von denen eine Allergie nur schwer zu differenzieren ist. Daher denken Tierarzt und Reiter daran zumeist erst ganz am Ende. Auch gibt es bis jetzt kaum statistisch verwertbare Aussagen zu allergischen Risikofuttermitteln beim Pferd. Wenn also der Verdacht auf eine Futtermittel-Allergie auftaucht, kann man sich dieser Fragestellung nur über eine selektive Entfernung der möglichen Allergene nähern. Allerdings gibt es auch immer wieder Disharmonien in der Verdauung, die nicht wirklich allergisch bedingt sind. Oft ist hier eine zu energiereiche Fütterung, die Gabe zu großer Mengen leicht verdaulicher Kohlenhydrate mit daraus resultierender chronischer Schädigung der Dickdarmflora oder eine generell zu unübersichtliche Mischung vieler nicht pferdegerechter Futtermittel die Ursache. Aber auch diese Patienten können von einer Neudefinierung der Futterration profitieren.

Diagnostische Fütterung von Allergikern

Eine diagnostische Fütterung kann man leicht organisieren:
Zunächst lässt man alle künstlichen und komplexen Futtermittel aus der Ration weg. Denn die Wahrscheinlichkeit einer Allergisierung aus diesen Quellen ist höher als aus dem Grundfutter. Selbstverständlich ist diese Umstellung in einigen Punkten schrittweise vorzunehmen: Trainierten Sportpferden beispielsweise kann man ihre gewohnt hohe Kraftfuttermenge nicht gut mitten in der Turniersaison entziehen. Man sollte sich aber klar

darüber sein, dass jedes, wirklich jedes Pferd – nach einer über ungefähr zehn Tage abgestuften allmählichen Umstellung und Veränderung – völlig ohne Schaden für eine gewisse Weile nur von Heu und Wasser leben kann, vorausgesetzt, es werden genügend große Heumengen gegeben. Bei energiehungrigen Warmblutpferden bedeutet das: Heu zur beliebigen Aufnahme. Mit dieser Ration wird das Tier dann für mindestens zwei Wochen ausschließlich gefüttert; im Sommer kann es auch zusätzlich zeitweise oder – nach Gewöhnung – ganztägig auf der Weide stehen. Zwei Wochen sind die absolute Mindestdauer für diesen Versuch; besser ist ein Zeitraum von vier Wochen. Theoretisch müsste man in dieser Zeit auch auf eine Stroheinstreu verzichten, denn Pflanzenschutzmittel oder andere Beimengungen im Stroh könnten allergen sein. Optimal ist es also, in der Versuchsphase mit Hobelspänen einzustreuen. Wenn die vermutet allergischen Symptome sich dann zurückbilden, ist man möglicherweise auf dem richtigen Weg. Es kann aber durchaus auch sein, dass die Zurückführung der Ration auf allgemein pferdegerechtere Dimensionen hilfreich war: viel Raufutter, kein kohlenhydratreiches Kraftfutter und Entspannung auf der Weide.

Gehen die vermutet allergischen Symptome nicht zurück, gibt es zwei

Heucobs sind eine staubarme Alternative zu normalem Heu.

Möglichkeiten: Es lag keine Allergie vor oder das Allergen steckt im Heu beziehungsweise Stroh, beispielsweise in Form von unverträglichen Fremdkräutern, von Pflanzenschutzmitteln oder einer völlig falschen Bodendüngung mit nachteiligen Folgen im Bewuchs. Dann muss man eben für einen weiteren Zeitraum versuchsweise ein Heu völlig anderer Herkunft benutzen und Stroh durch Hobelspäne ersetzen.

Allergisierende Bestandteile im Tränkwasser sind bei solchem aus der Leitung kaum zu erwarten; immerhin kann hier das Wasserwerk analytisch zurate gezogen werden.

Ist das Pferd nach einiger Zeit der Heu-Wasser-Diät symptomfrei geworden, sollte man in kontrollierten Ein-

zelschritten allmählich zur früheren Fütterung übergehen. Dabei führt man zuerst jene Futtermittel wieder ein, die naturbelassen sind, also die Grund- beziehungsweise Einzelfuttermittel. Dazu gehören Stroh und reines Getreide; Hafer eignet sich dafür aufgrund seiner optimalen Verdaulichkeit am besten. Nach und nach folgen weitere Futtermittel. Dieses Verfahren kann den Pferdebesitzer nebenbei auch dazu zwingen, einmal gründlich darüber nachzudenken, wieviele verschiedene Futterprodukte überhaupt unverzichtbar sind.
Es ist sehr wichtig, bis zu jeder Neueinführung der alten Futtermittel auf jeder Teststufe mindestens zwei bis vier Wochen vergehen zu lassen. Das ganze Testverfahren dauert also viele Monate; dazu gibt es aber keine Alternative. Hat man das Futterallergen definiert, kann man es fortan gezielt meiden, und das Pferd bleibt gesund.

Allergiker richtig pflegen – Allergien vorbeugen

Die Haltung eines allergischen Pferdes bedeutet immer einen Mehraufwand an Arbeitszeit und finanziellen Mitteln. Aber diese Maßnahmen ermöglichen dem Pferd eine verbesserte Lebensqualität und machen seine weitere reiterliche Nutzung möglich. Zusätzlich zu speziellen Maßnahmen bei einzelnen Allergien ist es wichtig, allgemeine Prinzipien in der Handhabung solcher Pferde zu berücksichtigen.
Außerdem sollten möglichst viele Prinzipien der allergenarmen Haltung, Pflege und Fütterung prophylaktisch auch für noch gesunde Pferde übernommen werden. Denn das Risiko für eine Allergie steigt offenbar von Jahr zu Jahr.

Allergenarme Haltung

Für eine möglichst wenig allergisierende Unterbringung des Pferdes sind drei Kernbereiche zu beachten:

- Haltungssystem,
- Hygiene,
- Materialien.

Staub aus Heu und Stroh, Schmutzpartikel aus der Einstreu und Hautschuppen sowie Haarbestandteile anderer Pferde sind potenziell stark allergisierende Substanzen in der Stallluft. Je konzentrierter diese gefährliche Mischung auf das Pferd einwirkt, desto höher ist das haltungsbedingte Allergierisiko. Boxen in geschlossenen Ställen sind also die ungünstigste Haltungsform überhaupt; nach vorne offenen Reihenboxen oder im Optimalfall einer richtigen Offenstallhaltung mit ganztägigem Zugang ins Freie sollte also unbedingt Vorrang gegeben werden. Staubvermeidung und insbesondere unnötiger Kontakt zu Staub aus Heu und Stroh ist für jedes Pferd eine äußerst wichtige Maßnahme, nicht nur für Allergiker. Dazu achtet man besonders auf folgende Maßnahmen:

› Aufschütteln von Heu und Stroh nur in Abwesenheit des Pferdes,
› Heufütterung nur vom Boden,
› Stallinnenräume nur feucht fegen,
› Heulagerung über dem Pferdestall nur bei völliger Isolierung von der Stallluft,
› Staubentwicklung in Reithallen, auf Reitplätzen und im Auslauf vermeiden,
› Pferde nur außerhalb des Stalles putzen.

Kot aus Boxen, Ausläufen, Paddocks und am besten auch von der Weide ist täglich zu entfernen, um die Insektenplage möglichst gering zu halten. Futterreste aus Raufen – insbesondere nasses Heu und Stroh – sowie Krippen – vor allem melassiertes Futter und Mash – müssen unmittelbar nach den Mahlzeiten entfernt werden, um Schimmelbildung und mikrobiellen Verderb zu vermeiden. Offene Regenwassertonnen sind eine unnötige Brutstätte für Mücken. Alle im Haltungsbereich verwendeten Materialien müssen für Pferde unbedenklich sein: Holzschutzmittel sollten ökologisch unbedenklich, Innenfarben für die Verwendung im Humanbereich zugelassen und alle zweitverwendeten Materialien – beispielsweise Bauholz, Bahnschwellen, Tränkeimer, Wasserfässer, alternative Einstreu – kritisch geprüft worden sein.

Das Optimum für die meisten Pferde: eine korrekt durchgeführte Gruppen-Auslaufhaltung – zudem ist sie allergensenkend.

Im Pferdebereich verwendete Pflanzen müssen natürlich ungiftig sein und dürfen auch keine reizenden Bestandteile enthalten; das gilt auch für angelegte Hecken, neu gepflanzte Bäume und Knabberhölzer. Der Weideaufwuchs muss in regelmäßigen Abständen auf botanische Neuankömmlinge geprüft werden, besonders natürlich beim erstmaligen Beweiden neuer Flächen.

Allergenarme Fütterung

Allergene Faktoren in der Fütterung reduziert man am effektivsten auf drei Wegen:

- korrekte Futterqualität und optimale Lagerung,
- ideale Futtergabe,
- kluge Futtermittelauswahl.

Alle Futtermittel für Pferde müssen von guter Qualität sein; verschimmeltes, staubiges und von Mikroben durchsetztes Futter ist nicht nur allergen, sondern kann schwerste weitere Krankheiten auslösen. Heu und Stroh kann der Pferdehalter leicht selbst beurteilen: Sie müssen eine typische Farbe haben – mittelgrün beziehungsweise goldgelb –, typisch riechen – heublumig-teeartig beziehungsweise frisch-getreideartig – und beim Öffnen des Ballens locker auseinander fallen. Staub dürfen sie nur in ganz geringem Maß freisetzen. Die Beurteilung von Silage ist für den Pferdehalter schwieriger. Der Geruch darf nicht stark sauer und muffig-bitter, sondern muss angenehm aromatisch-säuerlich sein. Eine gleichmäßige schwache Feuchtigkeit sowie lockeres Gewebe ohne Pilznester sind weitere wichtige Anhaltspunkte zur Qualitätsprüfung. Raufutter gibt man immer in der staubärmsten Variante, also vom Boden und nach speziellem Bedarf im nassen Zustand. Kraftfutter wird nur in sauberen Gefäßen vorgelegt, alle Reste sind bald zu entfernen. Saftfutter muss frei sein von faulen Stellen, Schimmelpilzbefall und darf nicht überfroren sein.
Eine möglichst ausgewogene und nach futtermittelkundlichen Kriterien berechnete Ration ist für das Pferd die beste gesundheitliche Stabilisierung; angepasste Gaben von Vitaminen, Mineralien und Spurenelementen sind dabei wichtig.

Die Empfehlungen gehen zu einer Ration aus möglichst klaren und übersichtlichen Futtermitteln, die der Natur des Pferdes nahe kommen. Darin sollten definierte Einzelfuttermittel wie Heu, Stroh, Weidegras, reiner Hafer und einzelne Saftfutter vorrangig berücksichtigt werden. In einigen Veröffentlichungen wird Melasse als gelegentlich allergisierend ausgewiesen. Sie ist vielen pelletierten Kraftfuttern und den meisten Pferdemüslis zugesetzt. Melassierte Futter enthalten meistens auch Konservie-

Sich scheuernde Ekzempferde gehören im Sommer nicht ganztägig auf die Koppel, sondern in den Schutz eines kühlen dunklen Stalles.

rungsmittel zur Haltbarkeitsverlängerung. Das bedeutet zusätzliche unnatürliche Fremdstoffe.

Eiweiße aus Soja, Futterhefe und Abfallprodukten der Getreidemühlen können unkalkulierbare Risikopotenzierungen bedeuten, weil sie in ihrer Struktur weit vom natürlichen Futter des Pferdes entfernt sind. Auch die thermische Aufbereitung von pelletiertem Kraftfutter – die im Allgemeinen für die Verdaulichkeit äußerst positiv ist – ist bezüglich einer möglichen Allergenität nicht geprüft. Je mehr verschiedene und für Pferde unnatürliche Komponenten in einem Futter verwendet werden, desto höher ist das Risiko für ein allergenes Gemisch. Sowohl für pelletierte Kraftfutter als auch für Vitamin-Mineral-Ergänzungsfutter gilt: Je billiger das Produkt ist, desto weniger finanziellen Spielraum hat der Hersteller in der Verwendung von hochwertigen Zutaten. Nicht ausreichend deklarierte Produkte sollte man generell ablehnen.

Allergenarme Pflege

Die unumstritten wichtigste Empfehlung für menschliche Allergiker bezüglich der Auswahl von Kosmetika muss man für das Pferd ebenfalls fordern: So wenig Chemie wie möglich; und wo sie unvermeidbar ist, sollte sie sparsam eingesetzt werden. Mit Wasser, Schwamm und Bürste kann man ein Pferd schon relativ gut pflegen; ob die zahlreichen Mähnensprays, Glanzsprays, Waschlotionen und speziellen Shampoos wirklich erforderlich sind

Heilkräuter können die Abwehr des Körpers günstig beeinflussen und die Allergiebereitschaft senken.

und täglich angewendet werden müssen, sollte sich jeder Pferdehalter selbst fragen. Wenn shampooniert werden muss, ist allergenarmen Produkten der Vorzug zu geben.
Auch die Kühlung von strapazierten Beinen kann mit Wasser und Bandagen nicht nur effektiver und billiger, sondern zudem auch allergiesicherer vorgenommen werden als mit kommerziellen Produkten. Für Sattel- und vor allem Zaumzeug sowie Fahrgeschirre, die nicht nur engen Kontakt zum Pferd haben, sondern ihre Inhaltsstoffe über den Schweiß und die Reibung tief in die Pferdehaut transportieren, gelten besondere Vorsichtsmaßnahmen: Produkte namhafter deutscher Hersteller und die Verwendung von möglichst simplen Pflegemitteln wie beispielsweise Sattelseife und Tranöl geben eine gewisse Sicherheit vor Kontaktallergien; dass Billigleder aus Fernost ein höheres Risiko birgt, liegt auf der Hand.

Im Bereich des Insektenschutzes gerät man in eine Zwickmühle: Besonders für Ekzempferde ist ein wirksamer Insektenschutz unverzichtbar. Die wirklich guten Präparate sind aber fast alle leider auch wirklich schädlich. Die milden Naturprodukte helfen in der Regel nur sehr begrenzt. Hier muss man also nach Kompromissen suchen und unter Umständen einer Ekzemerdecke oder zeitweiliger Aufstallung des Einzelpferdes Vorrang geben.

Allergietest und Desensibilisierung

Die Suche nach allergisierenden Stoffen in der Umgebung des Pferdes oder im Futter ist in gewissem Maß auch durch Allergietests möglich. Diese Verfahren wurden in den letzten Jahren zunehmend verfeinert und zugleich preislich attraktiver.
Tests durch die Injektion kleinster Testallergene in die Haut mit Beobachtung einer möglichen allergischen Quaddelbildung werden nur noch selten durchgeführt. Entzündungsreize durch den Einstich waren hier eine häufige Fehlerquelle.
Man entnimmt dem Pferd heute Blut und untersucht dieses auf das Vorliegen bestimmter Immunzellen, die der Körper als Reaktion auf jeweilige Allergene bildet.
Aufgrund der ungeheuren Vielzahl von Allergenen, die man unmöglich alle einzeln testen kann, fragt man per Übersichtstest zunächst nur Allergengruppen ab, beispielsweise Pilzsporen, Gräserpollen, Umgebungsallergene, Futtermittel oder Arzneimittel. Diese Gruppen werden nach Erfahrungswerten darüber zusammengestellt, von welchen Allergenen Pferde besonders häufig betroffen sind. Nachdem das mögliche Allergen auf diese Weise eingegrenzt wurde, kann man in weiteren Schritten Einzelbestimmungen durchführen und sich auf diese Weise im Ausschlussverfahren den jeweiligen Allergenen nähern.
Dieses Verfahren ist unter Umständen sehr zeitaufwendig und teuer; die Ergebnisse sind oftmals trotzdem nicht eindeutig. Zum einen lässt sich das jeweilige Einzelallergen nicht immer exakt bestimmen. Zum anderen zeigt die Praxis oft Unterschiede im Ergebnis der Laboranalyse und der tatsächlichen Allergenität im Pferd: Gegen manche Allergene müsste das Pferd nach dem Probenergebnis eigentlich allergisch sein, obwohl es in der Tat darauf nicht sichtbar mit Symptomen reagiert. So wird das Bild von der angeblichen Zahl der für ein Pferd allergenen Stoffe verzerrt.
Das Gewinnen eindeutiger Ergebnisse jedoch kann bei der Vermeidung von Allergenen natürlich sehr nützlich sein.

Eine Desensibilisierung gegen die Allergene durch Injektionen mit sich steigernder Konzentration dauert mehrere Monate bis Jahre und ist meist nicht erfolgreich. Oft erreicht man nur eine Verringerung der Allergie, die sich zudem nach Absetzen der Injektionen innerhalb kurzer Zeit wieder verschlimmern kann.

Service

Nützliche Adressen

Deutsche Reiterliche Vereinigung (FN)
Freiherr-von-Langen-Str. 13
D – 48231 Warendorf
Tel. +49-(0)2581-63620
Fax +49-(0)2581-62144
www.fn-dokr.de

Vereinigung der Freizeitreiter und -fahrer in Deutschland (VFD)
Auf der Hohengrub 5
D – 56355 Hunzel
+49-(0)6772-9630980
+49-(0)6772-9630985
www.vfdnet.de

Bundesfachverband für Reiten und Fahren in Österreich (BFV)
Geiselbergstraße 26-32 / 512
A – 1110 Wien
Tel +41-(0)1-749 92 61-0
Fax +41-(0)1-749 92 61-91
www.fena.at

Schweizerischer Verband für Pferdesport (SVPS)
Box 726
Papiermühlestr. 40 H
CH – 3000 Bern 22
Tel +31 (0)335-4343
Fax +31 (0)335-4358
www.svps-fsse.ch

TTEAM Deutschland
Bibi Degn
Hassel 4
D – 57589 Pracht
Tel. +49-(0)2682-8886
Fax +49-(0)2682-6683
gilde@tteam.de
www.tteam.de

TTEAM Österreich
Martin Lasser
Spitalgasse 7
A – 2540 Bad Vöslau / Gainfarn
Tel. +43-(0)664-1 250 252
tteam.office@aon.at
www.tteamoffice.at

TTEAM – Gilde für die Schweiz
c/o Christine Wittwer
Kornberg
CH 3504 Oberhüningen
Gilde@tteam-ttouch.ch
www.tteam-ttouch.ch

T.T.E.A.M.® News International – der sehr empfehlenswerte Newsletter mit Linda Tellington-Jones und vielen aktuellen Informationen und Artikeln zu TTouch und TTeam erscheint 4mal im Jahr auf Deutsch und kann über www.tteam.de bestellt und abonniert werden.

Zum Weiterlesen

Bartz, Dr. med. vet. Jürgen:
Bis der Tierarzt kommt. Erste Hilfe für Pferd und Reiter, Tipps zum richtigen Verhalten bis zum Eintreffen des Tierarztes und zur Ausstattung der Stallapotheke. Kosmos Verlag, Stuttgart 1996/2001.

Bender, Ingolf:
Praxishandbuch Pferdehaltung. Pferdekunde, Haltungsanlagen optimal planen, Auslauf-, Stall- und Weidepraxis. Kosmos Verlag, Stuttgart 2004.

Gösmeier, Dr. med.vet Ina:
Akupressur für Pferde. Löst Verspannungen, stärkt die Lebensenergie. Unterstützt von Detailaufnahmen und Fotosequenzen beschreibt die Autorin die Grundprinzipien der chinesischen Heilkunst. Kosmos Verlag, Stuttgart 1999.

Hawcroft, Tim:
Kosmos-Lexikon Pferdekrankheiten. Überblick über die häufigen Pferdekrankheiten von A bis Z, gegliedert sowohl nach Symptomen als auch nach Krankheiten. Kosmos Verlag, Stuttgart 1998.

Mahlstedt, Dieter:
Akupunkt Massage nach Penzel am Pferd. Fitness und Wohlbefinden durch chinesische Heilkunst. Für Reiter und Pferdebesitzer leicht erlernbar. Kosmos Verlag, Stuttgart 1997.

Meyerdirks-Wüthrich, Ute:
Bach-Blüten für Pferde. Anwendung des Naturheilverfahrens als Unterstützung bei Erkrankungen, konkrete Beispiele aus der Praxis, Vorstellung aller verschiedenen klassischen Bach-Blüten. Kosmos Verlag, Stuttgart 2004.

Rakow, Dr. Michael:
Die homöopathische Stallapotheke. Wirkung und Anwendung, Möglichkeiten und Anwendungsbereiche, Therapie der häufigsten Krankheiten von A bis Z. Kosmos Verlag, Stuttgart 1999/2002.

Schacht, Christian:
Pferdekrankheiten. Medizinisches Basiswissen zur Gesunderhaltung sowie Erkennung von Kennzeichen des kranken Pferdes, Versorgung und Vorbeugung. Kosmos Verlag, Stuttgart 1999.

Schmid-Neuhaus, Angelika:
Das große Fitnessprogramm für Pferde. Die drei Elemente zum Erfolg. Pferde werden oft von Muskelverspannungen, Sehnenzerrungen und Rükkenschmerzen geplagt. Wer ein lockeres und leistungsstarkes Pferd haben möchte, sollte drei wesentliche Elemente und ihre Wechselwirkungen beachten: Massage, Sattel-Check und gelöstes Reiten. Kosmos Verlag, Stuttgart 2000.

Wittek, Cornelia:
Kräuter und Tees für Pferde. So bleibt ihr Pferd gesund und vital. Heilkräuter von A-Z, die besten Teerezepte und der Fitnessplan fürs ganze Jahr. Kosmos Verlag, Stuttgart 2002.

Register

Bildnachweis
Mit 42 Farbfotos von: Firma Werner Balsiger, Schweiz/ Mühlethurnen (S. 52), Dr. Jürgen Bartz, Kaltenkirchen (S. 32, 38 oben und unten, 40, 49, 72, 96, 98, 101), in puncto design GmbH (S. 23), Susann Boretius, Gleichen-Kleinfängden (S. 4 links, 16), Prof. Dr. Hartmut Gerhards, Tierärztliche Hochschule München (S. 85), Cornelia Koller, Schierhorn (S. 6 links, 27, 63, 65, 68, 74), Dr. h. c. Lennart Nilsson, mit freundlicher Genehmigung der Boehringer Ingelheim Pharma GmbH & Co. KG (S. 34 links und rechts), Christof Salata / Kosmos (S. 4 rechts, 21, 94), Angelika Schmelzer, Bruchweiler (S. 5 links und rechts, 6 rechts, 7 links und rechts, 56, 61, 66, 69, 77, 87, 89, 106, 110, 112), Horst Streitferdt / Kosmos (S. 104), Werner Stall- und Zaunanlagen GmbH, Gescher-Hochmoor (S. 53).

Die Zeichnungen erstellte Cornelia Koller, Schierhorn (S. 9, 19, 35, 42, 44, 64, 70, 80, 81, 108).

Umschlaggestaltung von eStudio calamar unter Verwendung von vier Farbfotos von Johanna Behrends, Kaltenkirchen (Umschlagrückseite), Felix von Döring, Schwäbisch Hall (kleines Foto vorne unten), Tierfoto Reinhard, Heiligenkreuzsteinach (kleines Foto vorne oben, großes Foto vorne).

Mit 42 Farbfotos und 10 Zeichnungen.

Bibliografische Information der Deutschen Bibliothek
Die Deutsche Bibliothek verzeichnet diese Publikation in der Deutschen Nationalbibliografie; detaillierte bibliografische Daten sind im Internet über http://dnb.ddb.de abrufbar.

KOSMOS Postfach 106011
D-70049 Stuttgart
TELEFON +49 (0)711-2191-0
FAX +49 (0)711-2191-422
WEB www.kosmos.de
E-MAIL info@kosmos.de

ISBN 3-440-09956-3
Lektorat: Katja Metzler
Produktion: Kirsten Raue / Claudia Kupferer
Printed in Czech Republic / Imprimé en République Tchèque

Manche
Pferdehalter glauben,
bei Husten hilft
ein heisses Bier!